电网建设项目业主项目部
环境保护和水土保持标准化管理手册

国家电网有限公司基建部　组编

中国电力出版社
CHINA ELECTRIC POWER PRESS

内 容 提 要

《电网建设项目业主项目部环境保护和水土保持标准化管理手册（2023年版）》是依据国家现行法律法规，以及行业、国家电网有限公司规程规范，并紧密结合公司基建最新通用制度和最新专业管理要求，在《输变电工程项目部标准化管理规程 第1部分：业主项目部》（Q/GDW 12257.1—2022）、《国家电网有限公司业主项目部标准化管理手册（2021年版）》基础上修编完成。

本手册主要包括业主项目部岗位设置与工作原则、环保水保管理两个方面的内容，适用于220kV及以上输变电工程，220kV以下输变电工程可参照执行。

图书在版编目（CIP）数据

电网建设项目业主项目部环境保护和水土保持标准化管理手册：2023年版 / 国家电网有限公司基建部组编. — 北京：中国电力出版社，2023.12（2024.4重印）

ISBN 978-7-5198-8394-2

Ⅰ. ①电… Ⅱ. ①国… Ⅲ. ①电网－电力工程－环境保护－标准化管理－中国－手册②电网－电力工程－水土保持－标准化管理－中国－手册 Ⅳ. ①X322-62②TM726-62

中国国家版本馆CIP数据核字（2023）第235722号

出版发行：中国电力出版社
地　　址：北京市东城区北京站西街19号（邮政编码100005）
网　　址：http://www.cepp.sgcc.com.cn
责任编辑：匡　野（010-63412786）
责任校对：黄　蓓　王海南
装帧设计：赵丽媛
责任印制：石　雷

印　　刷：三河市百盛印装有限公司
版　　次：2023年12月第一版
印　　次：2024年4月北京第五次印刷
开　　本：787毫米×1092毫米　16开本
印　　张：8
字　　数：179千字
定　　价：78.00元

《电网建设项目业主项目部环境保护和水土保持标准化管理手册（2023 年版）》

编　委　会

主　编　潘敬东

副主编　张　宁　刘冀邱　蔡敬东

委　员　袁　骏　李锡成　黄　勇　毛继兵　李　睿
　　　　黄常元　王　劲　罗　湘　汪美顺　马萧萧
　　　　陈豫朝

编审工作组

主要审查人员　闫国增　王俊峰　魏金祥　宗海迥
　　　　　　　杨晓静　尚福瑞　李韶瑜　胡晓东
　　　　　　　史玉柱　王　辉　赵素丽　刘　敏
　　　　　　　和　刚　董向阳　商　彬　王　兴
　　　　　　　贾少健　王华锋

主要编写人员　张　智　杨怀伟　江能明　吴　凯
　　　　　　　徐智新　王　艳　黄伟源　李媛媛
　　　　　　　王婉君　王关翼　胡　笳　苗峰显
　　　　　　　林唐校　宋洪磊　张建勋　王晓楠
　　　　　　　薛永程　唐　宁　贾　凡　陶　琨
　　　　　　　车艳红　张崇涛　陈亚平　孔令健
　　　　　　　胡　豪　吴智洋

编制说明

《电网建设项目业主项目部环境保护和水土保持标准化管理手册（2023 年版）》是依据国家现行法律法规，以及行业、国家电网有限公司（简称公司）规程规范，并紧密结合公司基建最新通用制度和最新专业管理要求，在《输变电工程项目部标准化管理规程　第 1 部分：业主项目部》（Q/GDW 12257.1—2022）、《国家电网有限公司业主项目部标准化管理手册（2021 年版）》基础上修编完成。本手册适用于 220kV 及以上输变电工程，220kV 以下输变电工程可参照执行。

一、编制特点

本次手册修编体现了五个特点：

（1）强化专业管理，参考了《输变电工程项目部标准化管理规程　第 1 部分：业主项目部（2022 年版）》《国家电网有限公司业主项目部标准化管理手册（2021 年版）》。

（2）总结了公司系统多年来业主项目部环境保护（以下简称环保）和水土保持（以下简称水保）管理经验，将最新环保水保管理制度和专业管理要求落地，重点完善工程依法合规建设管理和落实现场环保水保管理责任内容。

（3）进一步提炼业主项目部环保水保在项目前期、工程前期、工程建设、总结评价四个阶段中的重点工作。

（4）按照依法合规、强化落实、简洁高效原则，简化优化环保水保现场日常管控体系。

（5）突出基建数字化应用，强化环保水保专业管理和数字化应用深度融合。

二、主要内容

本手册主要包括以下两个方面内容：

（1）业主项目部岗位设置与工作原则。明确了业主项目部环保水保岗位设置的定位和原则、设置方式与要求、工作职责等内容。

（2）环保水保管理。明确了业主项目部环保水保策划管理、环保水保培训管理、标准化开工管理、施工阶段环保水保过程管理、质量评定、验收管理、总结评价等工作内容与方法。

1）管理工作内容及方法。明确了业主项目部主要管理工作内容和基本方法，并标注了完成各项工作所采用标准化管理模板的编号。

2）策划管理。明确业主项目部环保水保管理策划的基本工作内容。

3）培训管理。明确业主项目部环保水保培训管理及培训效果的工作内容。

4）标准化开工管理。明确业主项目部开工前环保水保管理的主要工作内容。

5）施工阶段环保水保过程管理。明确业主项目部环保水保在施工阶段主要的管理内容。

6）质量评定。明确业主项目部环保水保质量评定要求。

7）验收管理。明确业主项目部环保水保验收管理内容。

8）总结评价。明确业主项目部环保水保评价内容、评价标准。

9）管理流程。明确业主项目部环保水保管理重要的工作流程。

10）管理依据。主要列出了业主项目部各项工作所依据的国家现行法律法规，以及行业、公司规程规范，公司基建通用制度；对于规章制度、技术标准等不再列出文号，对于通知、文件等列出文号。除本手册已列出的管理依据外，公司已经颁布和即将颁布的基建相关管理制度等，也作为业主项目部各项管理工作的依据。

附录 A 中收录了业主项目部环保水保综合评价表管理模板，附录 B 中新增了施工期环保水保管理部分。本手册中管理模板代码的命名规则来源于《国家电网有限公司业主项目部标准化管理手册（2021 年版）》：YXM 代表项目管理模板；YAQ 代表安全管理模板；YJS 代表技术管理模板；YZJ 代表造价管理模板；YPJ 代表综合评价管理模板。

目录

1 岗位设置与工作职责

业主项目部组建主要内容包括组建原则、人员配置标准要求、项目部工作职责、环保水保专责岗位职责等。

1.1 岗位设置

1.1.1 组建原则

220kV 及以上新建（包含改扩建）输变电工程应组建业主项目部。单个工程业主项目部宜在可研阶段发文组建，明确项目部成员；班组式业主项目部应每年年初发文组建，明确项目部成员和所管辖项目范围。业主项目部应设置环保水保管理岗位。

1.1.2 人员配置标准要求

业主项目部环保水保工作实行项目经理负责制，环保水保专责负责落实，其工作贯穿工程前期、工程建设、总结评价阶段。

业主项目部环保水保专责（可兼）应具有同类型工程管理经历，各省级公司可根据项目管理需要和管理人员情况，具体制订本单位业主项目部环保水保管理人员配备要求。

业主项目部环保水保专责人员发生变动时，应及时办理变更手续，业主项目部应重新抄送给各参建单位，同时业主项目经理应在基建数字化平台维护更新业主项目部环保水保管理人员变动信息。

1.2 工作职责

1.2.1 项目部工作职责

（1）贯彻执行国家、行业、地方相关环保水保标准、规程、规范及合同、设计要求，落实国家电网有限公司各项环保水保管理制度。

（2）建立健全环保水保管理体系，落实管理责任。

（3）参与工程选址选线、可研评审等项目前期工作，配合协调做好环评和水保方案及批复工作。

（4）开展环保水保施工图设计管理，组织设计联络会，协调设计单位、运行维护单位与物资供应商完成技术确认；组织设计交底及施工图会检，配合审查设计单位初设文本、施工图中环保水保设计相关内容，复核工程环保水保重大变更情况，若发现重大变更应及时配合环保水保归口部门履行环保水保重大变更相关手续，签发会议纪要。

（5）组织编制环保水保策划管理专篇，以单独章节编入《工程建设管理纲要（大纲）》。

（6）审批监理项目部编制的《监理规划》中环保水保策划相关内容；审批施工项目部编制的《项目管理实施规划》中环保水保策划相关内容。

（7）及时协调工程建设中环保水保有关问题，检查工程中环保水保工作落实情况，提出改进措施，重大问题上报建设单位。

（8）配合做好业主组织的环保水保专项检查、监督，配合做好生态环境、水行政主管部门组织的专项检查、督查，组织做好问题整改闭环。

（9）组织水土保持单位工程质量评定；督促开展施工质量自检和检验批、分项、分部、隐蔽工程验收、单位工程预验收及竣工预验收监理验收，组织单位工程验收、建设过程质量验收专项检查，参加环保水保设施（措施）质量验收、启动验收并组织整改消缺。

（10）配合完成竣工环保验收和水保设施验收、验收核查及资料归档。

1.2.2 环保水保专责岗位职责

（1）贯彻执行国家、行业、地方相关环保水保标准、规程、规范及合同、设计要求，参与编制《工程建设管理纲要（大纲）》中环保水保策划管理专篇。

（2）协助项目经理组织环保水保培训、交底；检查监理和施工项目部培训、交底及考试情况。

（3）开展工程现场环保水保设施（措施）落实情况的监督和检查工作。

（4）组织开展环保水保督察、检查、验收、验收核查的各项配合准备工作。

（5）按照过程管理及资料归档有关要求，收集、审查、整理相关环保水保资料。

2 环保水保管理

业主项目部环保水保管理主要内容包括环保水保策划管理、环保水保培训管理、标准化开工管理、施工阶段环保水保过程管理、质量评定、验收管理、总结评价等。

2.1 管理工作内容与方法

2.1.1 环保水保策划管理

（1）执行工程建设领域法律法规、标准及公司的有关环保水保要求，严格落实建设项目需要配置的环境保护设施（措施）必须与主体工程同时设计、同时施工、同时投产使用，强化现场环保水保监督检查，根据项目环保水保管理体系的运转情况，对环保水保管理工作进行管控，提出完善和改进意见。

（2）制定工程环保水保工作目标，强化各级工程管理人员的环保水保责任意识，明确项目部环保水保工作重点、设计文件要求、环评和水保方案及批复要求、工程建设各参建单位的环保水保管理责任以及主要管理措施。针对线路工程机械化施工需明确临时占地面积、水保措施等相关要求。

（3）编制工程环保水保管理策划，可并入《工程建设管理纲要（大纲）》，督促监理、施工项目部编制环保水保策划文件（见附录 A 中 YJSX1）。

（4）审批《监理规划》中环保水保相关内容，审批《环境监理实施细则》《水保监理实施细则》以及《项目管理实施规划》中的环保水保相关内容。

（5）配合审查设计单位初设文本、施工图中环保水保设计相关内容。组织设计交底及施工图会检工作，签发会议纪要（见附录 A 中 YJS3）。

2.1.2 环保水保培训管理

（1）开工前，组织设计、监理、施工等单位参加环保水保培训，明确有关法律法规、标准、设计文件、环评和水保方案及批复要求。

（2）督促监理、施工项目部开展环保水保培训，检查监理、施工项目部培训记录。

2.1.3 标准化开工管理

（1）开工许可齐备：对已签订的监理、施工合同的环保水保条款及其他涉及环保水保开工条件进行审查。

（2）组织体系健全：环保水保专责列入业主项目部组织机构并经公司发文，管理人员全部到岗到位。

（3）制度体系健全：环保水保管理制度已齐全，《工程建设管理纲要（大纲）》已通过审批（见附录 A 中 YXM2）。

（4）施工、监理达标检查：审批环保水保专项施工方案、环保水保监理实施细则。组织或督促监理、施工项目部开展环保水保标准化配置达标检查（见附录 A 中 YPJ1 和 YPJ2）。

（5）交底、培训落实：主要管理人员经过环保水保专项交底、培训。

（6）开工手续检查：环评和水保方案及批复文件、水土保持补偿费缴纳等有关手续。

2.1.4 施工阶段环保水保过程管理

（1）对工程进行环保水保全过程管理，重点监督工程施工过程中环保水保管理制度、环评和水保方案及批复文件、环保水保设施（措施）等执行情况（见附录 B 中环保水保管理部分）。

（2）通过专项检查、定期检查、日常巡查等方式，对设计、施工、监理等单位人力和设备资源投入情况、设施（措施）落实情况及工程资料同步收集整理情况等进行检查，下发《检查问题通知单》（见附录 A 中 YAQ2），审核《检查问题整改反馈单》（见附录 A 中 YAQ3）。

（3）督促监理项目部做好对工程环保水保的检查、控制工作；督促施工单位严格按照作业票中环保水保具体要求执行，督促施工单位及时完成山地溜坡溜渣、扰动面积增加、垃圾遗留、植被恢复不到位等突出问题整改。

（4）配合做好公司组织的环保水保专项检查、监督，配合做好生态环境、水行政主管部门组织的专项检查、督查，组织做好问题整改闭环。

（5）在协调会、工程例会中，分析工程项目中存在的环保水保问题原因，提出改进措施并督促落实，印发会议纪要（见附录 A 中 YXM4）。

（6）督促水保监测单位规范开展水保监测，按季度向施工单位提出监测意见、向建设管理单位提交监测季报并进行公示。

（7）执行设计变更（签证）制度，审核工程设计变更中的环保水保内容，履行设计变更审批手续（见附录 A 中 YZJ2）。

（8）督促监理项目部开展环保水保重大变动（变更）情况复核，若发生重大变动（变更）须及时通知环保水保归口部门。

（9）施工期的环境保护和水土保持关键工艺及措施如下。

线路部分

1）材料运输阶段。

a．机械道路关键工艺及措施：

临时道路修筑：A 施工限界（见附录 C 中第 1.6.1 项）

B 表土剥离、保护（见附录 C 中第 2.1.1 项）

C 彩条布铺垫与隔离（见附录 C 中第 1.6.3 项）

D 草皮剥离、养护（见附录 C 中第 2.1.4 项）

E 填土编织袋（植生袋）拦挡（见附录 C 中第 2.3.2 项）

F 全封闭车辆运输（见附录 C 中第 1.1.4 项）

G 余土综合利用

H 边坡保护（见附录 C 中第 2.4 项）
I 洒水抑尘（见附录 C 中第 1.1.1 项）
J 施工噪声控制（见附录 C 中第 1.3 项）
K 棕垫隔离（见附录 C 中第 1.6.2 项）
L 钢板铺垫（见附录 C 中第 1.6.4 项）
M 临时排水沟（见附录 C 中第 2.3.1 项）

临时道路恢复：A 全面整地（见附录 C 中第 2.6.1 项）
B 局部整地（见附录 C 中第 2.6.2 项）
C 表土回覆（见附录 C 中第 2.1.2 项）
D 草皮回铺（见附录 C 中第 2.1.4 项）
E 造林（种草）整地（见附录 C 中第 2.8.1 项）
F 造林（见附录 C 中第 2.8.2 项）
G 种草（见附录 C 中第 2.8.3 项）
H 抚育

b. 人抬道路关键工艺及措施：

临时道路恢复：A 全面整地（见附录 C 中第 2.6.1 项）
B 局部整地（见附录 C 中第 2.6.2 项）
C 造林（种草）整地（见附录 C 中第 2.8.1 项）
D 造林（见附录 C 中第 2.8.2 项）
E 种草（见附录 C 中第 2.8.3 项）
F 抚育

c. 索道关键工艺及措施：

索道架设使用：A 施工限界（见附录 C 中第 1.6.1 项）
B 表土剥离、保护（见附录 C 中第 2.1.1 项）
C 彩条布铺垫与隔离（见附录 C 中第 1.6.3 项）
D 草皮剥离、养护（见附录 C 中第 2.1.4 项）
E 填土编织袋（植生袋）拦挡（见附录 C 中第 2.3.2 项）
F 临时苫盖（见附录 C 中第 2.3.3 项）

场地恢复阶段：A 表土回覆（见附录 C 中第 2.1.2 项）
B 草皮回铺（见附录 C 中第 2.1.4 项）
C 迹地恢复（见附录 C 中第 1.6.6 项）
D 造林（种草）整地（见附录 C 中第 2.8.1 项）
E 造林（见附录 C 中第 2.8.2 项）
F 种草（见附录 C 中第 2.8.3 项）
G 抚育

2）基础施工阶段（含接地装置）。

施工阶段：A 施工限界（见附录 C 中第 1.6.1 项）

B 表土剥离、保护（见附录 C 中第 2.1.1 项）

C 彩条布铺垫与隔离（见附录 C 中第 1.6.3 项）

D 草皮剥离、养护（见附录 C 中第 2.1.4 项）

E 填土编织袋（植生袋）拦挡（见附录 C 中第 2.3.2 项）

F 临时苫盖（见附录 C 中第 2.3.3 项）

G 施工场地垃圾箱（见附录 C 中第 1.4.3 项）

H 泥浆沉淀池（见附录 C 中第 1.2.1 项）

I 施工噪声控制（见附录 C 中第 1.3 项）

J 孔洞盖板（见附录 C 中第 1.6.5 项）

K 建筑垃圾清运（见附录 C 中第 1.4.1 项）

L 废料和包装物回收与利用（见附录 C 中第 1.4.2 项）

M 浆砌石护坡（见附录 C 中第 2.4.1 项）

N 浆砌石截排水沟（见附录 C 中第 2.5.1 项）

O 混凝土截排水沟（见附录 C 中第 2.5.2 项）

P 生态截排水沟（见附录 C 中第 2.5.3 项）

Q 浆砌石挡渣墙（见附录 C 中第 2.2.1 项）

R 混凝土挡渣墙（见附录 C 中第 2.2.2 项）

基础浇制完成：A 场地清理

B 全面整地（见附录 C 中第 2.6.1 项）

C 局部整地（见附录 C 中第 2.6.2 项）

D 表土回覆（见附录 C 中第 2.1.2 项）

3）杆塔组立阶段。

施工阶段：A 施工限界（见附录 C 中第 1.6.1 项）

B 表土剥离、保护（见附录 C 中第 2.1.1 项）

C 彩条布铺垫与隔离（见附录 C 中第 1.6.3 项）

D 草皮剥离、养护（见附录 C 中第 2.1.4 项）

E 填土编织袋（植生袋）拦挡（见附录 C 中第 2.3.2 项）

F 临时苫盖（见附录 C 中第 2.3.3 项）

G 施工场地垃圾箱（见附录 C 中第 1.4.3 项）

H 泥浆沉淀池（见附录 C 中第 1.2.1 项）

I 施工噪声控制（见附录 C 中第 1.3 项）

J 建筑垃圾清运（见附录 C 中第 1.4.1 项）

K 废料和包装物回收与利用（见附录 C 中第 1.4.2 项）

L 场地清理

杆塔组立完成：A 草皮回铺（见附录 C 中第 2.1.4 项）

B 造林（种草）整地（见附录 C 中第 2.8.1 项）

C 造林（见附录 C 中第 2.8.2 项）

D 种草（见附录 C 中第 2.8.3 项）

E 抚育

F 防风固沙工程

G 挡水埝

H 碎石压盖

4）架线阶段。

a．塔基区关键工艺及措施：

场地恢复阶段：A 草皮回铺（见附录 C 中第 2.1.4 项）

B 造林（种草）整地（见附录 C 中第 2.8.1 项）

C 造林（见附录 C 中第 2.8.2 项）

D 种草（见附录 C 中第 2.8.3 项）

E 抚育

b．牵张场关键工艺及措施：

使用阶段：A 施工限界（见附录 C 中第 1.6.1 项）

B 表土剥离、保护（见附录 C 中第 2.1.1 项）

C 彩条布铺垫与隔离（见附录 C 中第 1.6.3 项）

D 草皮剥离、养护（见附录 C 中第 2.1.4 项）

E 表土铺垫保护（见附录 C 中第 2.1.3 项）

F 钢板铺垫（见附录 C 中第 1.6.4 项）

G 填土编织袋（植生袋）拦挡（见附录 C 中第 2.3.2 项）

H 临时苫盖（见附录 C 中第 2.3.3 项）

I 施工场地垃圾箱（见附录 C 中第 1.4.3 项）

J 彩条布铺垫与隔离（见附录 C 中第 1.6.3 项）

K 临时苫盖（见附录 C 中第 2.3.3 项）

L 施工噪声控制（见附录 C 中第 1.3 项）

M 建筑垃圾清运（见附录 C 中第 1.4.1 项）

N 废料和包装物回收与利用（见附录 C 中第 1.4.2 项）

场地恢复阶段：A 全面整地（见附录 C 中第 2.6.1 项）

B 局部整地（见附录 C 中第 2.6.2 项）

C 表土回覆（见附录 C 中第 2.1.2 项）

D 草皮回铺（见附录 C 中第 2.1.4 项）

E 造林（种草）整地（见附录 C 中第 2.8.1 项）

F 造林（见附录 C 中第 2.8.2 项）

G 种草（见附录 C 中第 2.8.3 项）

H 抚育

变电部分

变电工程主要分为四个阶段，分别是四通一平阶段、土建施工阶段、电气安装阶段、调试阶段。各阶段应执行“通用关键工艺措施”。其中，同类多种设施（措施），依据实际情况选择一种或同时使用多种设施（措施）。

通用关键工艺措施如下：

施工材料运输：A 施工车辆清洗（见附录 D 中第 1.1.4 项）

B 全封闭运输车辆（见附录 D 中第 1.1.5 项）

施工器具堆放：A 棕垫隔离（见附录 D 中第 1.6.2 项）

B 彩条布铺垫与隔离（见附录 D 中第 1.6.3 项）

C 钢板铺垫（见附录 D 中第 1.6.4 项）

施工过程阶段：A 施工噪声控制（见附录 D 中第 1.3.1 项）

施工结束阶段：A 建筑垃圾清运（见附录 D 中第 1.4.1 项）

B 废料和包装物回收与利用（见附录 D 中第 1.4.2 项）

临时停工时，应当对工器具、材料集中堆放，做好“临时苫盖（见附录 D 中第 2.2.3 项）”措施。

1）四通一平阶段。

四通一平阶段，主要涉及“临时道路（永久道路）”“围挡（围墙）”“施工生产及设备堆放区”“生活区、施工力能引接（施工水源、电源、通信）”等工作内容。该阶段施工扰动、土地整治、植被恢复最为活跃，对于环保水保专项验收、措施的落实极为关键，涉及较多的环保水保措施。

该阶段工作内容执行“通用关键工艺措施”和“四通一平阶段关键工艺措施”。特殊区域关键工艺设施（措施），在对应情形下执行相应措施。

四通一平阶段关键工艺措施如下：

施工阶段：A 施工限界（见附录 D 中第 1.6.1 项）

B 表土剥离、保护（见附录 D 中第 2.1.1 项）

C 表土铺垫保护（见附录 D 中第 2.1.3 项）

D 填土编织袋（植生袋）拦挡（见附录 D 中第 2.2.2 项）

E 草皮剥离、养护（见附录 D 中第 2.1.4 项）

F 洒水抑尘（见附录 D 中第 1.1.1 项）

G 雾炮机抑尘（见附录 D 中第 1.1.2 项）

H 密目网苫盖抑尘（见附录 D 中第 1.1.3 项）

I 永临结合工程措施（见附录 D 中第 1.7 项）

J 临时排水沟（见附录 D 中第 2.2.1 项）

K 临时苫盖（见附录 D 中第 2.2.3 项）

L 余土综合利用

M 迹地恢复（见附录 D 中第 1.6.5 项）

N 全面整地（见附录 D 中第 2.5.1 项）

O 表土回覆（见附录 D 中第 2.1.2 项）

植被恢复阶段：A 造林（种草）整地（见附录 D 中第 2.8.1 项）

B 草皮回铺（见附录 D 中第 2.1.4 项）

C 造林（见附录 D 中第 2.8.2 项）

D 种草（见附录 D 中第 2.8.3 项）

E 抚育

特殊区域关键工艺设施（措施）：

临时设施（措施）：A 临时水冲式厕所（见附录 D 中第 1.2.2 项）

B 临时化粪池（见附录 D 中第 1.2.3 项）

C 隔油池（见附录 D 中第 1.2.4 项）

D 生活污水处理装置（见附录 D 中第 1.2.5 项）

E 施工场地垃圾箱（见附录 D 中第 1.4.3 项）

风沙区适用设施：A 工程固沙（见附录 D 中第 2.6.1 项）

B 植物固沙（见附录 D 中第 2.6.2 项）

噪声敏感区设施：A 加高围墙（见附录 D 中第 1.3.4 项）

B 声屏障（见附录 D 中第 1.3.5 项）

C 吸音墙（见附录 D 中第 1.3.6 项）

生态保护措施：A 植被就地及异地保护

B 野生动物分布区域警示

2）土建施工阶段。

土建施工阶段，主要由土石方工程、地基工程、基础工程、主体结构工程、屋面和地面工程、装饰装修工程、室外工程、建筑安装工程等内容组成。

a．土石方工程。

土石方工程，主要涉及“基坑与沟槽开挖”“土石方回填与压实”“挡土灌注桩排桩支护”“重力式水泥土墙”“土钉墙支护”等工作内容，执行“通用关键工艺措施”和“土石方工程关键工艺措施”。

土石方工程关键工艺措施如下：

施工阶段：A 施工限界（见附录 D 中第 1.6.1 项）

B 填土编织袋（植生袋）拦挡（见附录 D 中第 2.2.2 项）

C 洒水抑尘（见附录 D 中第 1.1.1 项）

D 雾炮机抑尘（见附录 D 中第 1.1.2 项）

E 密目网苫盖抑尘（见附录 D 中第 1.1.3 项）

F 泥浆沉淀池（见附录 D 中第 1.2.1 项）

G 临时排水沟（见附录 D 中第 2.2.1 项）

H 临时苫盖（见附录 D 中第 2.2.3 项）

I 余土综合利用

对于“锚杆挡墙”“岩石锚喷支护”“重力式挡墙”“悬臂式、扶壁式挡墙”“节坡面防护与绿化”等工作内容，即属于工程本体建设又属于环保水保设施（措施），施工阶段执行“通用关键工艺措施”和“土石方工程关键工艺措施”，最终根据实际情况选择一种或同时使用多种“施工生态设施”。

施工生态设施：A 雨水排水管线（见附录 D 中第 2.4.1 项）

B 生态截排水沟（见附录 D 中第 2.4.4 项）

C 植物骨架护坡（见附录 D 中第 2.3.1 项）

D 生态袋绿化边坡（见附录 D 中第 2.3.2 项）

E 植草砖护坡（见附录 D 中第 2.3.3 项）

F 客土喷播绿化护坡（见附录 D 中第 2.3.4 项）

对于“集水明排”“轻型井点降水”“喷射井点降水”“管井井点降水”“井点回灌”等工作内容，执行“通用关键工艺措施”。

b. 地基工程。

地基工程，主要涉及“灰土地基”“砂和砂石地基”“粉煤灰地基”“强夯地基”“注浆地基”“堆载预压地基”“真空预压地基”“土工合成材料地基”“砂石桩复合地基”“水泥土搅拌桩复合地基”“高压喷射注浆复合地基”“粉体喷射注浆复合地基”“灰土挤密桩复合地基”“水泥土桩复合地基”“水泥粉煤灰碎石桩复合地基”“局部特殊地基处理”等工作内容，执行“通用关键工艺措施”和“地基工程关键工艺措施”。

本阶段需要特别注意“泥浆沉淀池”措施的使用，确保泥浆妥善处理。

地基工程关键工艺措施如下：

施工余土堆放：A 填土编织袋（植生袋）拦挡（见附录 D 中第 2.2.2 项）

施工阶段：A 密目网苫盖抑尘（见附录 D 中第 1.1.3 项）

B 泥浆沉淀池（见附录 D 中第 1.2.1 项）

C 临时苫盖（见附录 D 中第 2.2.3 项）

c. 基础工程。

基础工程，主要涉及“钢筋混凝土预制桩”“预力管桩”“钢桩”“回转钻成孔灌注桩”“冲击成孔灌注桩”“潜水钻成孔灌注桩”“多盘桩灌注桩”“沉管灌注桩”“套管夯扩灌注桩”“载体夯扩灌注桩”“长螺旋钻孔压灌桩”“人工挖孔灌注桩”“岩石锚杆基础施工”“特殊土地基基础”“沉井”“大体积混凝土施工”“钢筋混凝土扩展基础”“筏形基础”等工作内容，执行“通用关键工艺措施”和“基础工程关键工艺措施”。

本阶段需要特别注意“泥浆沉淀池”措施的使用，确保泥浆妥善处理。

基础工程关键工艺措施如下：

施工阶段：A 洒水抑尘（见附录 D 中第 1.1.1 项）

B 雾炮机抑尘（见附录 D 中第 1.1.2 项）

C 密目网苫盖抑尘（见附录 D 中第 1.1.3 项）

D 泥浆沉淀池（见附录 D 中第 1.2.1 项）

E 临时苫盖（见附录 D 中第 2.2.3 项）

d. 主体结构工程。

主体结构工程，主要涉及“砌体结构”“砌体填充墙”“结构模板”“永久性模板”“混凝土浇筑与养护”等工作内容，执行“通用关键工艺措施”和“主体结构工程关键工艺措施”。

主体结构工程关键工艺措施如下：

施工阶段：A 洒水抑尘（见附录 D 中第 1.1.1 项）

B 临时苫盖（见附录 D 中第 2.2.3 项）

对于“钢筋加工与安装”“钢筋闪光对焊”“钢筋电渣压力焊”“钢筋机械连接”“施工缝留设及处理”“钢结构焊接（角焊缝）”“钢结构焊接（坡口焊缝）”“钢结构焊接（塞焊）”“栓钉焊接连接”“普通螺栓连接”“高强度螺栓连接”“钢结构安装”“防腐涂料喷涂”“防火涂料喷涂”“地下结构防水”“地下结构穿墙管”“地下结构预埋件”“地下结构变形缝”等工作内容，执行“通用关键工艺措施”。

e．屋面和地面工程。

屋面和地面工程，主要涉及“基层”“卷材防水”“涂膜防水”“屋面排气”“屋面保温”“保护层”“细部构造”“瓦屋面”“金属板屋面”“玻璃顶屋面”“地面基层”“自流平面层”“涂料面层”“塑胶面层”“砖面层”“花岗岩面层”“活动地板”“散水”“台阶”“坡道”“雨篷”等工作内容，执行“通用关键工艺措施”。

f．装饰装修工程。

装饰装修工程，主要涉及“金属窗”“铝合金窗”“木门”“钢板门”“防火门”“玻璃门”“防火卷帘门”“轻质骨架隔墙”“矿棉板吊顶”“铝板吊顶”“石膏板吊顶”“变形缝”“一体化外墙保温板”“墙面抹灰”“涂饰工程”“外墙饰面砖”“内墙饰面砖”“干粘石墙面”“人造石材窗台”“上人屋面钢爬梯”“楼梯饰面”“楼梯栏杆”“细部工程护栏和扶手”等工作内容，执行“通用关键工艺措施”。

g．室外工程。

室外工程，主要涉及“构支架吊装”“构支架、设备基础”“大门”“混凝土道路”“沥青道路”“连锁块道路”“混凝土广场”“防滑面砖广场”“砖砌电缆沟”“现浇混凝土电缆沟”“消防给水”等工作内容，执行“通用关键工艺措施”。

对于“混凝土框架清水砌体防火墙”“现浇混凝土防火墙”“砂浆饰面防火墙”“干粘石饰面防火墙”“装配式钢结构防火墙”“干粘石围墙”“装配式围墙”“隔声屏障”“透水砖广场”“碎石场地”“砌筑式雨水井、检查井”“装式雨水井、检查井”即属于工程本体建设又属于环保水保设施（措施），施工阶段执行“通用关键工艺措施”和“噪声敏感区设施”，最终根据实际情况选择一种或同时使用多种噪声敏感区设施。

噪声敏感区设施：A 隔声罩（见附录 D 中第 1.3.3 项）

B 加高围墙（见附录 D 中第 1.3.4 项）

C 声屏障（见附录 D 中第 1.3.5 项）

D 吸音墙（见附录 D 中第 1.3.6 项）

水环境保护设施：A 事故油池（见附录 D 中第 1.2.6 项）

该阶段属于站内土石方等施工内容的收尾阶段，对于变电站（换流站）内不适用“碎石覆盖（见附录 D 中第 2.7.3 项）”措施而使用植被措施的项目，还应执行“室外工程关键工艺措施”。

室外工程关键工艺措施如下：

施工阶段：A 全面整地（见附录 D 中第 2.5.1 项）

B 表土回覆（见附录 D 中第 2.1.2 项）

植被恢复阶段：A 造林（种草）整地（见附录 D 中第 2.8.1 项）

B 草皮回铺（见附录 D 中第 2.1.4 项）

C 造林（见附录 D 中第 2.8.2 项）

D 种草（见附录 D 中第 2.8.3 项）

E 抚育

F 建筑安装工程

建筑安装工程，主要涉及“开关”“插座”“配电箱”“灯具”“线槽”“导管”“建筑物防雷接地”“屋顶风机”“墙体轴流风机”“通风百叶窗”“建筑空调”“建筑采暖”“给水管道”“排水管道”“雨水管”“地漏”“卫生器具”“给水设备”“室内消火栓”等工作内容，执行“通用关键工艺措施”。

3）电气安装阶段。

电气安装工程，主要涉及“主变压器系统设备安装”“站用变压器及交流系统设备安装”“配电装置安装”“全站防雷及接地装置安装”“主控及直流设备安装”“全站电缆施工”“通信系统设备安装”“视频监控及火灾报警系统”“智能变电站设备安装”“换流站设备安装”等工作内容，执行“通用关键工艺措施”。

其中，对于声环境敏感区的项目，在设备选取时应当按照“低噪声设备（见附录 D 中第 1.3.2 项）”设施要求，选择相应设备。

4）调试阶段。

本阶段，执行“通用关键工艺措施”。

2.1.5 质量评定

环保设施质量评定纳入工程主体质量管理，水保设施质量评定执行以下原则：

（1）组织单位工程质量评定。

（2）督促监理项目部对分部工程进行质量核定，对单元工程进行复核、评级。

（3）督促施工项目部对分部工程进行自评，对单元工程质量进行自查。

2.1.6 验收管理

（1）督促开展施工自检和监理验收工作。

（2）参与环保水保设施（措施）质量验收、竣工环保验收和水保设施验收并组织整改消缺。

（3）配合竣工环保验收和水保设施验收相关工作。

2.1.7 总结评价

（1）根据工程建设合同执行情况，对监理、施工单位开展环保水保专业评价（见附录 A 中 YPJ3）。

（2）组织参建单位提交结算资料，形成结算清单。

（3）组织参建单位配合建设管理单位完成公司环保水保有关示范工程申报及评选工作。

2.2 管理流程

环保水保管理整体流程见图 2-1。

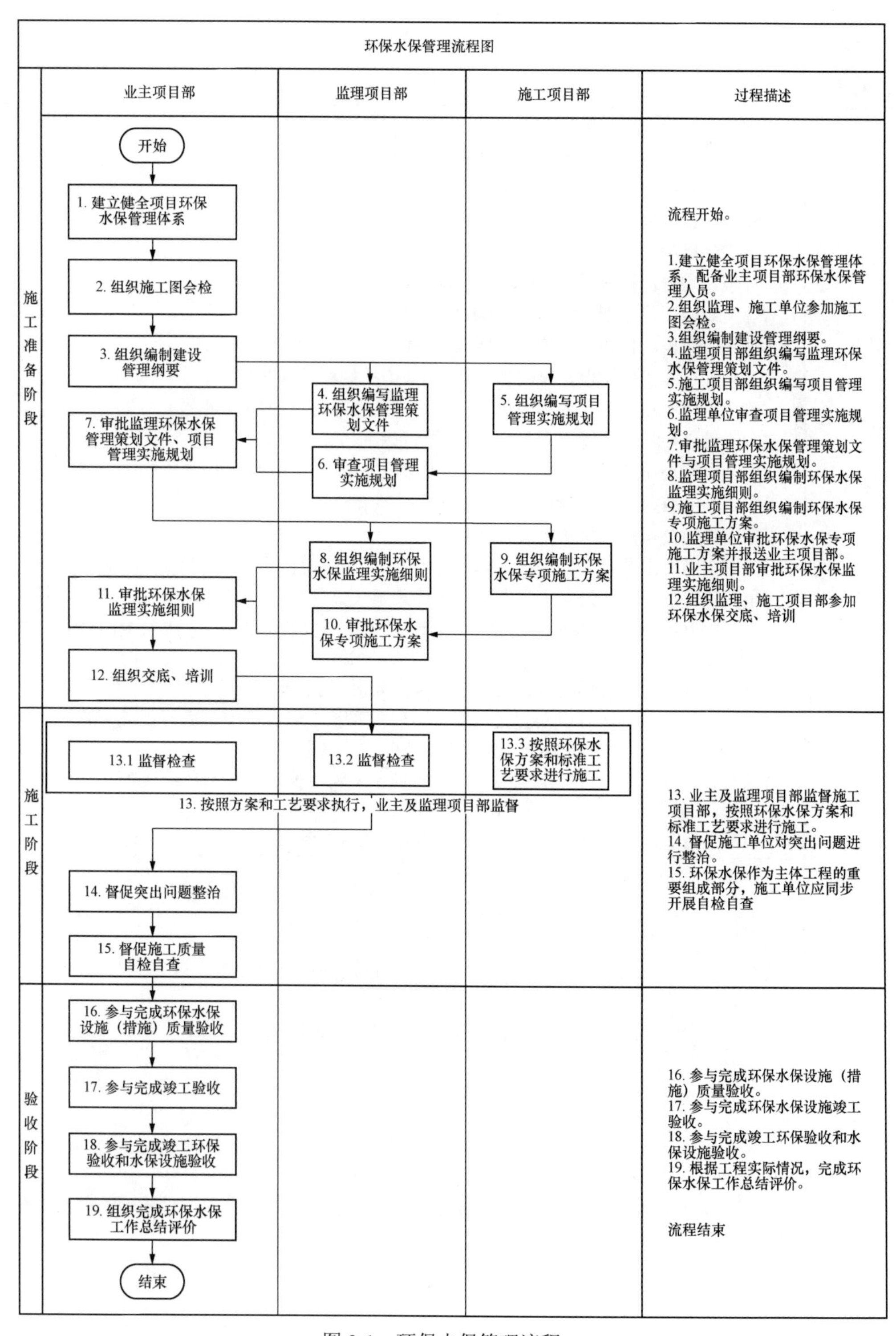

图 2-1　环保水保管理流程

2.3 管理依据

环保水保主要管理依据见表 2-1。

表 2-1 环保水保主要管理依据

管理内容	主要管理依据
环保管理	《中华人民共和国环境保护法》 《中华人民共和国环境影响评价法》 《建设项目环境保护管理条例》 《建设项目环境影响评价分类管理名录》 《生态环境部审批环境影响评价文件的建设项目目录》 《环境影响评价技术导则 输变电》(HJ 24—2020) 《环境影响评价导则 声环境》(HJ 2.4—2021) 《输变电建设项目环境保护技术要求》(HJ 1113—2020) 《建设项目竣工环境保护验收暂行办法》(国环规环评〔2017〕4 号) 《输变电建设项目重大变动清单(试行)》(环办辐射〔2016〕84 号) 《关于进一步加强环境影响评价违法项目责任追究的通知》(环办函〔2015〕389 号) 《国家电网公司环境保护监督规定》(国家电网企管〔2014〕455 号) 《国家电网有限公司环境影响评价管理办法(试行)》 《国家电网公司环境保护管理办法》 《国家电网有限公司环境保护工作考评办法》(国家电网企管〔2020〕334 号) 《电网建设项目环境影响报告书编报工作规范(试行)》(国家电网科〔2019〕92 号) 《国家电网有限公司电网建设项目竣工环境保护验收管理办法》(国家电网企管〔2019〕429 号) 《电网建设项目环境影响报告书、水保持方案报告书内审要点》(科环〔2019〕2 号) 《国网科技部关于印发电网建设项目环境保护和水土保持事中事后监督检查迎检工作规范(试行)的通知》(科环〔2020〕26 号) 《国网科技部、基建部关于加强跨省非特高压交流电网建设项目环境保护、水土保持重大变动(变更)及验收准备管控工作的通知》(科环〔2020〕27 号) 《国家电网有限公司环境保护工作考评办法》(国家电网企管〔2020〕334 号)
水保管理	《中华人民共和国水土保持法》 《中华人民共和国水土保持法实施条例》 《中华人民共和国土地管理法实施条例》 《水利部关于加强事中事后监管规范生产建设项目水土保持设施自主验收的通知》(水保〔2017〕365 号) 《水利部办公厅关于印发生产建设项目水土保持设施自主验收规程(试行)的通知》(办水保〔2018〕133 号) 《水利部办公厅关于印发生产建设项目水土保持监督管理办法的通知》(办水保〔2019〕172 号) 《水利部关于进一步深化“放管服”改革全面加强水土保持监管的意见》(水保〔2019〕160 号) 《水利部关于下放部分生产建设项目水土保持方案审批和水土保持设施验收审批权限的通知》(水保〔2016〕30 号) 《生产建设项目水土保持方案管理办法》(2023 年 1 月 17 日水利部令第 53 号) 《水利部生产建设项目水土保持方案变更管理规定(试行)》(办水保〔2016〕65 号) 《国家电网有限公司电网建设项目水土保持管理办法》(国家电网科〔2019〕550 号)

续表

管理内容	主要管理依据
水保管理	《电网建设项目水土保持方案报告书编报工作规范（试行）》 《电网建设项目环境影响报告书、水土保持方案报告书内审要点》（科环〔2019〕2号） 《重点输变电工程环境保护和水土保持专项检查工作大纲》（国家电网科〔2018〕536号） 《国家电网有限公司电网建设项目水保持设施验收管理办法》（国家电网科〔2019〕550号） 《重点输变电工程竣工环境保护验收、水土保持设施验收工作大纲（试行）》（国家电网科〔2018〕536号） 《国网科技部关于印发电网建设项目环境保护和水土保持事中事后监督检查迎检工作规范（试行）的通知》（科环〔2020〕26号） 《国网科技部、基建部关于加强跨省非特高压交流电网建设项目环境保护、水土保持重大变动（变更）及验收准备管控工作的通知》（科环〔2020〕27号） 《输变电工程环境保护和水土保持专项设计内容深度规定》（Q/GDW 12288.1—2023） 《架空输电线路水土保持设施质量检验及评定规程》（Q/GDW 11971—2019）

标准化管理模板

YJS3：施工图设计交底纪要

施工图设计交底纪要

编号：

工程名称：　　　　签发：

会议地点		会议时间	
会议主持人			
交底图册：			
设计交底内容：［应包括（不限于）以下主要内容：工程概况，工程特点及难点，设计强制性条文执行情况，设计质量通病防治计划执行情况，标准工艺应用情况及有关要求，本工程施工安全的重点部位和环节、相关安全风险，防范安全事件的技术要求，新技术、新工艺、新材料、新装备和特殊结构的有关安全技术要求，环境保护，水土保持，其他设计要求等。］			
主送单位			
抄送单位			
发文单位		发文时间	

注　1．设计交底纪要由设计负责起草，经业主项目经理签发后执行。

2．本模板在线下编制填报，上传系统流转。

YXM2：工程建设管理纲要

____________建设管理纲要

批准________________________

______年___月___日

审核________________________

______年___月___日

编写（业主项目部经理及相关管理人员签字）

______年___月___日

建设管理单位（章）

______年___月___日

注 1．由业主项目经理组织编制，220kV 及以下项目由建设管理单位项目管理中心主任审核，建设部主任批准，500（330）kV 及以上项目、省级建设公司直接管理的 220kV 项目由建设管理单位工程管理部门主任审核，分管领导审批。

2．本纲要涉及的参建单位未明确时可直接写单位类型即可。

3．本模板目录一内容适用 220kV 新建（含整站改造）、500（330）kV 及以上输变电工程，模板目录二内容适用于 35～110（66）kV 输变电工程及改扩建工程、220kV 改扩建工程。

4．本模板在线下编制填报，上传系统流转。

YJSX1：工程建设管理纲要（大纲）中环保水保章节目录

环保水保方案策划

9　环保水保方案策划

9.1　工程与环境概况

9.2　环保水保目标

9.3　环保水保管理实施

9.4　环保水保验收

注：上述目录仅供参考。

YPJ1：监理项目部标准化配置达标检查表

监理项目部标准化配置达标检查表

检查日期：××××年××月××日

序号	检查项目	检查标准			评分标准	扣分及原因
		大型工程	中型工程	小型工程		
一、项目部组建及人员配置（60分）						
1	项目部组建	1. 监理单位应按已签订的监理合同组建监理项目部，并以书面文件任命； 2. 任职人员资格及数量配置不得低于投标承诺； 3. 总监理工程师兼任项目数量应符合国网公司有关规定； 4. 安全监理工程师为专职，不得兼任除安全总监以外的其他岗位； 5. 监理单位不得随意更换总监理工程师。特殊原因需要更换的，按有关合同规定征得建设管理单位同意后办理变更手续； 6. 进场监理人员已组织交底			1. 无项目部成立文件或任命文件扣10分； 2. 管理人员数量低于投标承诺，每少1人扣2分；不满足实际要求，不达标； 3. 总监理工程师兼任项目数量超过规定，每超一个项目扣5分； 4. 安全监理工程师兼任其他岗位扣5分； 5. 总监理工程师与投标文件不一致扣2分，更换时未履行变更手续扣10分； 6. 进场监理人员未经交底，每少交底1人扣2分	
2	总监理工程师任职资格	1. 具有国家注册监理工程师资格和中级及以上专业技术职称，取得基建安全培训证，且在有效期内； 2. 经监理单位法定代表人书面任命； 3. 年龄不大于65周岁	1. 具有国家注册监理工程师资格，取得基建安全培训证，且在有效期内； 2. 经监理单位法定代表人书面任命； 3. 年龄不大于65周岁		1. 无资格证书，扣15分； 2. 资格证书不满足要求，扣10分； 3. 未经监理单位法定代表人书面任命，扣5分； 4. 年龄大于65周岁，扣5分； 5. 人员未到岗，扣20分	
3	总监理工程师代表任职资格	1. 取得基建安全培训培训证，且在有效期内； 2. 经总监理工程师书面委托授权； 3. 年龄不大于65周岁； 4. 具备下列条件之一： （1）工程类注册执业资格。 （2）中级及以上专业技术职称，3年及以上同类工程监理工作经验，并经培训和考试合格			1. 无资格证书，扣10分； 2. 资格证书不满足要求，扣5分； 3. 未经总监理工程师书面委托授权，扣5分； 4. 年龄大于65周岁，扣5分； 5. 人员未到岗，扣15分	
4	项目安全总监任职资格	1. 通过项目安全总监准入培训； 2. 取得基建安全培训证，且在有效期内； 3. 经总监理工程师书面任命； 4.年龄不大于65周岁； 5. 具备下列条件之一： （1）工程类注册执业资格；	1. 通过项目安全总监准入培训； 2. 取得基建安全培训证，且在有效期内； 3. 经总监理工程师书面任命； 4. 年龄不大于65周岁； 5. 具备下列条件之一： （1）工程类注册执业资格；		1. 未取得基建安全培训证书，扣10分； 2. 资格证书不满足要求，扣5分； 3. 未经总监理工程师书面任命，扣5分； 4. 年龄大于65周岁，扣5分； 5. 人员未到岗，每人扣15分	

续表

序号	检查项目	检查标准			评分标准	扣分及原因
		大型工程	中型工程	小型工程		
4	项目安全总监任职资格	（2）中级及以上专业技术职称，2 年及以上同类工程监理工作经验； （3）从事电力建设工程安全管理工作或相关工作 5 年以上，具有大专以上学历	（2）中级及以上专业技术职称，2 年及以上同类工程监理工作经验； （3）从事电力建设工程安全管理工作或相关工作 5 年以上，具有大专以上学历			
5	专业监理工程师任职资格	1. 经总监理工程师书面任命； 2. 年龄不大于 65 周岁； 3. 具备下列条件之一： （1）工程类注册执业资格； （2）中级及以上专业技术职称，2 年及以上同类工程监理工作经验，并经培训和考试合格			1. 无资格证书，扣 10 分； 2. 资格证书不满足要求，扣 5 分； 3. 未经总监理工程师书面任命，扣 5 分； 4. 年龄大于 65 周岁，扣 5 分； 5. 人员未到岗，每人扣 15 分	
6	安全监理工程师任职资格	1. 取得基建安全培训证，且在有效期内； 2. 经总监理工程师书面任命； 3. 年龄不大于 65 周岁； 4. 具备下列条件之一： （1）国家注册安全工程师或工程类注册执业资格。 （2）中级及以上专业技术职称，2 年及以上同类工程监理工作经验。 （3）从事电力建设工程安全管理工作或相关工作 5 年以上，且具有大专及以上学历	1. 取得基建安全培训证，且在有效期内； 2. 经总监理工程师书面任命； 3. 年龄不大于 65 周岁； 4. 具备下列条件之一： （1）国家注册安全工程师或工程类注册执业资格。 （2）中级及以上专业技术职称，2 年及以上同类工程监理工作经验。 （3）从事电力建设工程安全管理工作或相关工作 3 年以上，且具有大专及以上学历		1. 未取得基建安全培训证书，扣 10 分； 2. 资格证书不满足要求，扣 5 分； 3. 未经总监理工程师书面任命，扣 5 分； 4. 年龄大于 65 周岁，扣 5 分； 5. 人员未到岗，每人扣 15 分	
7	造价工程师任职资格	1. 具备造价执业资格，具有两年以上同类工程造价工作经验； 2. 经总监理工程师书面任命； 3. 年龄不大于 65 周岁			1. 无资格证书，扣 10 分； 2. 需要专职配置的造价工程师未到岗，扣 15 分； 3. 未经总监理工程师书面任命，扣 5 分； 4. 年龄大于 65 周岁，扣 5 分	
8	环境（水保）监理工程师任职资格	1. 经总监理工程师书面任命； 2. 年龄不大于 65 周岁； 3. 经过环境、水土保持监理相关培训； 4. 具备中级及以上职称和监理工作经验			1. 未经总监理工程师书面任命，扣 5 分； 2. 年龄大于 65 周岁，扣 5 分； 3. 人员未经环境、水土保持监理相关培训，扣 10 分； 4. 不具备中级及以上职称和同行业一年以上监理工作经验，扣 10 分	

续表

序号	检查项目	检查标准 大型工程	检查标准 中型工程	检查标准 小型工程	评分标准	扣分及原因
9	监理员任职资格	1．经电力建设监理业务培训，具有同类工程建设相关专业知识； 2．年龄不大于65周岁； 3．经总监理工程师书面任命； 4．监理员数量满足工程需求			1．未经电力建设监理业务培训，每人扣2分； 2．年龄大于65周岁，每人扣3分； 3．未经总监理工程师书面任命，扣5分； 4. 人员数量不能满足工程要求，每缺1人扣5分	
10	信息资料员任职资格	1．熟悉电力建设监理信息档案管理知识，具备熟练的电脑操作技能，经监理公司内部培训合格； 2．经总监理工程师书面任命			1．人员未到岗，每人扣10分； 2．未经总监理工程师书面任命，扣5分	
11	驻队监理任职资格	1．通过国网公司驻队监理准入培训，具有同类工程建设相关专业知识； 2．年龄不大于65周岁 3．经总监理工程师书面任命； 4．人员数量满足驻队监理管理要求			1．未经国网公司驻队监理准入培训，每人扣2分； 2．年龄大于65周岁，每人扣3分 3．未经总监理工程师书面任命，扣5分； 4．人员数量不能满足驻队监理管理要求，每缺1人扣5分	
二、监理项目部设备、设施（40分）						
（一）	办公设备					
1	计算机	1．数量应满足工程需要（220kV新建工程不少于2台，330kV及以上新建工程不少于4台，其他工程不少于1台）； 2．能够连接互联网			1．每缺少一台计算机扣2分； 2．监理项目部计算机不能连接互联网，扣2分	
2	打印机	不少于1台			无打印机扣2分	
3	复印机	不少于1台			无复印机扣2分	
4	数码相机或拍照手机	监理部1台，现场监理人员每人1台			每缺少一台扣2分	
（二）	常规检测设备和工具					
1	混凝土强度回弹仪	1．数量和型号应满足工程要求和投标文件； 2．检验合格，并在有效期内			1．每缺少一种检测设备，扣3分； 2．检测设备未经检验合格，扣2分	
2	经纬仪					
3	接地电阻测试仪（兆欧电阻表）					
4	测厚仪					

续表

序号	检查项目	检查标准			评分标准	扣分及原因
		大型工程	中型工程	小型工程		
5	工程测量尺					
6	土建检测工具包					
7	扭矩扳手					
8	水准仪	变电工程不少于1套				
9	万用表	变电工程不少于1只				
10	望远镜	线路工程不少于1台				
（三）	个人安全防护用品	1．安全帽每人一顶； 2．杆塔高处作业人员每人配全方位防冲击安全带、攀登自锁器； 3．检验合格，并在有效期内			1．每缺少一顶安全帽扣2分； 2．每缺少一根安全带或攀登自锁器扣2分； 3．安全帽超期使用、安全带未按规定检验，扣3分	
（四）	交通工具	应按监理投标文件配备交通工具，并满足监理工作需要			1．未按投标文件配置交通工具，扣5分； 2．交通工具数量不能满足工程要求，扣3分	
（五）	办公场所	1．项目监理部办公场所应独立于施工项目经理部设置； 2．办公室入口应设立项目部铭牌； 3．办公室布置应规范整齐，办公设施齐全； 4．张挂工程管理目标、组织机构图、项目部及主要管理人员岗位职责牌、施工现场风险管控公示牌			1．监理项目部无独立的办公场所，扣15分； 2．办公室入口未设立项目部铭牌，扣2分； 3．办公室缺少办公桌椅、文件柜等办公设施的，扣3分； 4．未张挂相应标识标牌，扣2分	
实得分					扣分	
达标检查结果： 业主项目部代表：____________						

注：本模板在线下编制填报，与《国家电网有限公司业主项目部标准化管理手册（2021年版）》附件不一致的，以本手册为准。

YPJ2：施工项目部标准化配置达标检查表

施工项目部标准化配置达标检查表

检查日期：××××年××月××日

<table>
<tr><th rowspan="2">序号</th><th rowspan="2">检查项目</th><th colspan="3">检查标准</th><th rowspan="2">评分标准</th><th rowspan="2">扣分及原因</th></tr>
<tr><th>大型工程</th><th>中型工程</th><th>小型工程</th></tr>
<tr><td colspan="7">一、项目部组建（50分）</td></tr>
<tr><td>1</td><td>项目部组建</td><td colspan="3">1．施工单位应按已签订的施工合同组建施工项目部，并以文件形式任命项目经理及其他主要管理人员；
2．任职人员资格及数量配置不得低于投标承诺；
3．项目经理不应同时承担两个及以上未完项目的管理工作；
4．安全员、质检员必须为专职，不可兼任项目其他岗位；
5．施工单位不得随意撤换项目经理，特殊原因需要撤换时，按有关合同规定征得建设管理单位书面同意后办理变更手续，并报监理项目部备案</td><td>1．无项目部成立文件或任命文件扣10分；
2．管理人员数量低于投标承诺，每少1人扣1分，不满足实际要求的，不达标；
3．项目经理同时承担两个及以上未完项目的管理工作扣5分；
4．安全员及质检员兼任其他岗位扣5分；
5．施工项目经理与投标文件不一致扣2分，更换时未履行变更手续扣5分</td><td></td></tr>
<tr><td rowspan="4">2</td><td rowspan="4">项目部人员资质</td><td colspan="3">项目经理：
1．取得工程建设类相应专业注册建造师资格证书（大型工程应取得相应专业一级注册建造师证书，中型工程应取得相应专业二级及以上注册建造师证书，小型工程按要求宜取得二级及以上注册建造师证书）；
2．持有省级政府部门颁发的项目负责人安全生产考核合格证书；
3．大型工程应具有从事3年及以上同类型工程施工管理经历，中小型工程应具有2年及以上同类型工程施工管理经历</td><td>1．无注册建造师资格证扣15分，弄虚作假提供虚假证件扣15分。资格证书不满足资质等级要求扣10分；
2．无相应的考核合格证扣5分；
3．施工管理经历不足，每少1年扣2分</td><td></td></tr>
<tr><td colspan="3">项目副经理（若有）：
1．中级及以上职称或技师及以上资格；
2．大型工程应具有从事3年及以上同类型工程施工管理经历，中小型工程应具有从事2年及以上同类型工程施工管理经历</td><td>1．无中级及以上职称或技师及以上资格扣10分；
2．施工管理经历不足，每少1年扣2分</td><td></td></tr>
<tr><td colspan="3">项目总工：
大型工程应具有中级及以上技术职称且具有从事3个及以上同类型工程施工技术管理经历，中型工程应具有中级及以上技术职称且具有从事2个及以上同类型工程施工技术管理经历，小型工程应具有初级及以上技术职称且具有从事2个及以上同类型工程施工技术管理经历</td><td>1．无相应的技术职称资格扣10分；
2．施工技术管理经历不足，每少1年扣2分</td><td></td></tr>
<tr><td colspan="3">项目部安全员：
1．持有省级政府部门颁发的安全管理人员安全生产考核合格证书；
2．具有从事2年以上工程施工安全管理经历</td><td>1．无相应的考核合格证扣10分；
2．施工安全管理经历不足，每少1年扣2分</td><td></td></tr>
</table>

续表

<table>
<tr><th rowspan="2">序号</th><th rowspan="2">检查项目</th><th colspan="3">检查标准</th><th rowspan="2">评分标准</th><th rowspan="2">扣分及原因</th></tr>
<tr><th>大型工程</th><th>中型工程</th><th>小型工程</th></tr>
<tr><td rowspan="4">2</td><td rowspan="4">项目部人员资质</td><td colspan="3">项目部质检员：
1. 持有电力质量监督部门颁发的相应质量培训合格证书；
2. 具有从事 2 年及以上同类型工程施工质量管理经历</td><td>1. 无电力质量监督部门颁发的相应质量培训合格证书扣 10 分；
2. 施工管理经历不足，每少 1 年扣 2 分</td><td></td></tr>
<tr><td colspan="3">项目部技术员：
1. 初级及以上职称；
2. 具有从事 2 年及以上同类型工程施工技术管理经历</td><td>1. 无初级及以上职称扣 10 分；
2. 施工技术管理经历不足每少 1 年扣 2 分</td><td></td></tr>
<tr><td colspan="3">项目部造价员：
通过电力工程造价从业人员专业能力评价及从事同类型工程施工造价管理工作经历</td><td>1. 无评价证明扣 10 分
2. 无施工造价管理工作经历扣 2 分</td><td></td></tr>
<tr><td colspan="3">项目部资料信息员、综合管理员、材料员线路施工协调员：具有工程相应专业工作经历</td><td>无相应专业工作经历，每人扣 5 分</td><td></td></tr>
<tr><td>3</td><td>环保水保专责人员任职资格</td><td colspan="3">1. 年龄不大于 60 周岁；
2. 具有相关技术职称或同类型工程施工管理经历</td><td>1. 年龄大于 60 周岁，每人扣 3 分；
2. 无相关技术职称或无相应专业工作经历，每人扣 5 分</td><td></td></tr>
<tr><td colspan="7">二、项目部设备设施（50 分）</td></tr>
<tr><td>1</td><td>办公区布置</td><td colspan="3">1. 在现场设立施工项目部，办公场地满足工程规模要求。(特殊情况下除外)；
2. 办公区应独立设置，与施工区及生活区隔离，做到布置合理、场地整洁；
3. 按要求设置“四牌一图”、宣传栏、标语等设施；
4. 施工项目部应设置会议室，并将工程项目安全文明施工组织机构图、安全文明施工管理目标、工程施工进度横道图、应急联络牌等设置上墙</td><td>1. 未在现场设立施工项目部扣 15 分，办公场地不满足需要扣 10 分；
2. 办公区未与施工区及生活区隔离扣 5 分；
3. 未设置四牌一图、宣传栏及标语扣 5 分，设置但不符合安全文明施工标准化管理办法要求扣 3 分；
4. 未设置会议室扣 5 分，工程项目安全文明施工组织机构图、安全文明施工管理目标、工程施工进度横道图、应急联络牌等未上墙扣 3 分</td><td></td></tr>
<tr><td>2</td><td>生活区布置</td><td colspan="3">1. 项目部生活区与办公区隔离设置，做到布置合理、整洁卫生，用电规范；
2. 设置洗浴、盥洗设施；
3. 食堂应配备厨具、冰柜、消毒柜、餐桌椅等设施，做到干净整洁，符合卫生防疫及环保要求；
4. 炊事人员应按规定体检，并取得健康证</td><td>1. 未与办公区隔离扣 5 分，布置不合理，用电不规范，扣 3 分；
2. 未设置洗盥扣 3 分，用电不符合要求扣 5 分；
3. 食堂未配备冰柜及消毒柜，扣 3 分；
4. 炊事员无健康体检证扣 5 分</td><td></td></tr>
</table>

续表

序号	检查项目	检查标准			评分标准	扣分及原因
		大型工程	中型工程	小型工程		
3	材料站布置	1．材料站选择应合理，远离河道、易滑坡、易塌方等存在灾害影响的不安全区域； 2．场地规模应满足工程需要，地面做到硬化处理，排水通畅； 3．采取区域化管理，工器具库房、材料区及加工区分开设置，布置应符合安全文明施工标准化要求； 4．标识标牌清晰，符合安全文明施工标准化管理办法要求； 5．配备必要的消防设施，消防器材合格有效			1．材料站设置在不安全区域扣5分； 2．材料站规模不满足工程需要扣5分，地面未硬化或排水不通畅扣3分； 3．工器具库房、材料区及加工区未分开设置，布置不符合安全文明施工标准化管理办法要求扣3分； 4．材料、工具状态牌、设备状态牌设备、物品、场地区域标识、操作规程、风险管控等标识标牌不满足安全文明施工标准化管理办法要求扣3分； 5．未配置消防器材扣2分，消防器材过期每1处扣1分	
4	办公设备	1．项目部应配备计算机、打印机、扫描仪、复印机及文件柜等办公设备，数量满足现场工作需要； 2．安装固定宽带网络（如条件所限也可以配置其他办公网络）			1．计算机、打印机、扫描仪、复印机（220kV及以上）及文件柜配备不能满足现场需要少一种（台）扣5分； 2．项目部无固定宽带网络或其他办公网络扣5分	
5	检测仪器	按需求选配经纬仪、水准仪、全站仪、混凝土回弹仪、工程测量尺［包括盒尺、卷尺（50m）、钢尺（5m）、靠尺、塔尺、塞尺、游标卡尺等］、扭矩扳手、验电设备、电子秤、土建检测工具包、接地电阻测量表，数量满足要求，经鉴定合格，并在有效期内			1．数量不满足要求，每种扣5分； 2．无鉴定合格证，每种扣2分，鉴定合格证过期未及时送检每份扣1分	
6	交通工具	交通工具应满足工程实际需要			数量及车辆状况不满足要求，每辆扣3分	
7	视频监控	新开工变电站工程应具备视频监控设备并完成视频信息接入基建管理系统，实现远程查看施工现场视频			未实现视频接入或设备数量、状况不满足要求，扣5分	
8	工程现场人员管理系统	按需求配置工程现场人员管理系统，规范并记录现场人员、车辆、大型工器具的进入			未安装部署并规范使用工程现场人员管理系统，扣5分	
实得分					扣分	

达标检查意见：

监理项目部代表：__________

业主项目部代表：__________

注：本模板在线下编制填报，与《国家电网有限公司业主项目部标准化管理手册（2021年版）》附件不一致的，以本手册为准。

YPJ3：业主项目部综合评价表

序号	评价指标	标准分值	考核内容及评分标准	扣分	扣分原因
一	业主项目部标准化建设（10 分）				
1	项目部组建	6	项目部组建应符合公司规定的原则及标准，由建设管理单位行文任命并按要求向上级建设管理部门报备。项目经理（副经理）、安全管理专责、质量管理专责必须专职专岗，不得兼职，其中项目经理（副经理）、安全管理专贵、质量管理专责任职条件不得低于公司项目关键人员任职要求。环水保专责任职条件不得低于公司项目人员任职要求。 （查任命文件及报备资料，任职资格证书。无任命文件，扣 2 分；未按要求报备，扣 1 分；组建发文单位不规范或不及时，扣 2 分；一般人员任职资格不符合规定每人扣 1 分；关键人员任职资格不符合规定，每人扣 2 分）		
2	项目部资源配置	4	应配备满足公司工程管理需要的办公设施、设备及必备的规程、规章制度等文件。 （查办公设施，缺少一项扣 0.2 分）		
二	重点工作开展情况（65 分）				
1	项目管理策划	8	建设管理纲要等项目策划文件编制符合公司有关要求，内容应科学合理、有针对性、符合工程实际，并按要求履行编审批手续。应积极参加可研、初设审查，并提出针对性的审查意见。负责落实项目前期资料的真实性、完整性，确保依法合规开工。基建管理系统节点维护和操作应与工程实际保持一致。（3 分） （查管理策划文件，发放记录等，每缺少一项扣 2 分；不规范，发放不及时、不到位，每项扣 0.5 分）		
			物资及服务类招标采购方式、需求计划批次报送应满足里程碑计划开工要求。设计、施工、监理招标文件及合同内容应符合国家法律法规和公司有关规定，明确关键人员配置、量化考核等相关要求，满足项目管理策划相关要求；物资招标技术规范书满足初步设计及“四统一”的要求。（2 分） （查招标文件及合同，内容不符合相关国家及公司有关规定，每处扣 0.5 分；与项目管理策划中的有关要求不一致或符合性较差，每处扣 0.5 分）		
			及时对监理规划、项目管理实施规划、项目进度计划施工安全管控措施、绿色施工策划等报审资料进行审查，审查意见明确、准确，有针对性，符合实际，并及时反馈报审单位。（3 分） （查业主项目部对参建单位策划文件审批表。每缺少一项扣 1 分；不规范、审查意见不准确、表述模糊每项扣 0.5 分；反馈意见不及时，每项扣 0.3 分）		

续表

序号	评价指标	标准分值	考核内容及评分标准	扣分	扣分原因
2	标准化开工	8	开工前按要求核查项目核准及可研批复文件等项目前期支持性文件；初步设计及批复文件:建设用地规划许可证、建设用地批复；输变电工程质量监督申报书:消防审查（按需）；设计、施工、监理中标通知书、合同文本、安全管理机构落实情况等有关手续，落实标准化开工条件。（4 分） （查开工附件，未核查或核查内容不真实，每项扣 1 分）		
			组织或督促开展监理、施工项目部标准化配置达标检查。（2 分） （按国网公司要求未组织或未达标即开工扣 4 分）		
			按要求审批工程开工报审表、向政府机构报备资料（按需）。（2 分） （查开工报审表。未审批，扣 1 分；审批意见不明确或不准确，扣 0.5 分；审批不及时扣 0.5 分。未报备扣 1 分）		
3	设计管理	4	按要求参加初步设计审查，及时组织设计联络会，组织设计交底和施工图会检，签发会议纪要并监督纪要的闭环落实，组织设计单位参加验槽等重要环节现场勘查。 （查初步设计内审纪要、设计联络会纪要、设计交底纪要、施工图会检纪要，纪要发放记录。未组织，每项扣 2 分；组织不及时，每次扣 1 分；会议议定事项落实不到位，每项扣 1 分；纪要发放记录不全，不及时，每项扣 0.5 分）		
4	工程协调与监督检查	12	定期召开工程例会，检查上次会议工作部署落实情况，对工作完成情况进行总结通报，布置下阶段主要工作。（3 分） （查工程例会记录、会议纪要。未组织，每项扣 2 分；组织不及时，每次扣 1 分；会议议定事项落实不到位，每项扣 1 分；发放记录不全，发放不及时，每项扣 0.5 分）		
			督促物资管理门跟踪设备、材料供货情况，组织主变压器、GIS 等主设备的到场验收、开箱检查。对未按合同展约的供应商提出考核建议。（3 分） （查项目物资供货协调表、到场验收交接记录、开箱检查记录、专题会议纪要等。应开展而未开展，每次扣 1 分；开展不及时，每次扣 0.5 分；相关记录不全，每项扣 0.5 分）		
			落实公司基建各专业管理的相关规定及要求，掌控工程现场环水保管理制度标准和工作计划落实情况，审批监理、施工项目部报审的有关文件，按要求组织现场环水保专项监督检查并落实整改闭环。（3 分） （查环水保管理往来文件及相关审批意见，相关监督检查、核查记录等。应开展而未开展，每项扣 2 分；开展不及时，每次扣 1 分；审批不及时，每项扣 0.5 分；审批意见不准确、不规范，每处扣 0.5 分；检查记录不全，每项扣 0.5 分；检查问题未整改闭环，每项扣 1 分）		

续表

序号	评价指标	标准分值	考核内容及评分标准	扣分	扣分原因
4	工程协调与监督检查	12	及时协调工程建设过程中出现的有关问题，采取有效管理措施，确保工程按计划顺利实施。（3分） （查相关专题会议纪要。应开展而未开展，每次扣2分；开展不及时，每次扣1分；会议议定事项落实不到位，每项扣1分；发放记录不全，发放不及时，每项扣0.5分）		
5	安全风险管理	2	组织施工作业安全风险辨识及预控。 （查相关资料，未按规定开展相关工作，每项扣1分审核不规范，每项扣0.5分）		
6	安全文明施工	2	落实安全设施和个人安全防护用品标准化。 （查相关文件及资料，作业现场安全设施、个人安全防护用品、现场布置不满足标准化要求，每一处扣0.2分）		
7	现场应急处置	2	组织编制现场应急处置方案，参加应急救援知识培训和现场应急演练。 （查现场应急处置方案、演练记录、应急队伍组建物资准备情况。未编制现场应急处置方案，扣0.5分未组织应急演练，每次扣0.5分；未配备应急救援物资和工器具，或未落实管理人员及责任，扣0.2分）		
8	绿色施工管理	2	按规范要求开展绿色施工管理。 （查相关资料，现场使用对环境污染较大的传统施工工艺，每处扣1分；相关“四节一环保”管理制度未建立，每项扣0.2分；未选用绿色材料施工作业，造成环境污染破坏的，每处扣1分）		
9	工程设计变更管理	2	严格执行工程变更（签证）管理制度，及时组织审核确认工程设计变更（签证）中的技术及费用等内容，履行工程变更（签证）审批相关手续。 （查工程设计变更工作联系单、设计变更审批单。未按规定履行审批手续，每项扣1分；审批程序不规范，每项扣0.5分；审查意见不规范、不准确，每次扣0.5分）		
10	进度款审核	2	根据工程进度，按照合同条款审核确认工程进度款工程其他费用支付申请并上报。 （查工程预付款报审表、工程进度款审核表。审核不规范，每次扣0.5分）		
11	质量过程管控	4	组织开展质量例行检查、随机检查活动，监督设计单位和监理、施工项目部落实设备材料检测工作、工程实测实量、标准工艺应用、强制性条文执行、质量通病防治、质量强制措施、质量验收统一表式应用、环保水保设施（措施）、电气设备安装视频监控等工作开展情况监督质量检查问题闭环整改情况。（4分） （查相关过程文件及资料。组织不及时，每次扣1分整改意见未落实或落实个放时，个到位，每项扣0.5分）		

续表

序号	评价指标	标准分值	考核内容及评分标准	扣分	扣分原因
12	工程验收及质量监督	6	监督施工自检、监理验收工作开展情况；组织建设过程质量验收专项检查、单位工程验收，参与竣工预验收启动验收等工作；配合开展质量监督活动。（4分） （查验收过程资料、竣工验收报告等。未按要求组织或参加，每项扣1分；检查问题未整改闭环，每项扣0.5分）		
			负责设计、监理、施工项目部质量管理工作的考核、评价：参与工程质量事故（事件）的调查处理工作。（2分） （查相关过程文件及资料。组织不及时，每次扣1分；整改意见未落实或落实不及时、不到位，每项扣0.5分）		
13	工程达标投产及创优	2	组织工程参建单位参与工程达标投产及创优工作，工程投运前，组织工程达标投产考核自查，督促问题闭环整改。 （查相关过程文件及资料。组织不及时，每次扣2分；整改意见未落实或落实不及时、不到位，每项扣0.5分）		
14	信息与资料管理	3	应用基建信息化手段，规范项目建设过程管理，推动监理、施工项目部落实信息化应用工作要求，确保信息与实际保持一致，系统数据及时、准确、完整。 （查基建管理系统。数据及时性、准确性、完整性每项存在问题扣1分）		
15	档案管理	2	开展项目档案业务的培训交底，开展工程检查和验收同时把关档案质量，及时完成资料收集组织档案移交。 （查相关工作记录和档案移交记录。未组织培训交底，扣1分；工程检查和验收记录没有档案检查痕迹，每发现一处，扣0.5分；未及时组织移交，扣2分；移交资料不全，每缺一项，扣0.5分）		
16	参建单位评价	4	依据相关制度、合同等对项目设计、施工、监理单位开展综合评价。 （查相关评价报告或记录表。未进行，每项扣2分；不规范或不准确，每项扣1分；评价考核不认真、打分不客观扣4分）		
三	党建+电网建设（5分）				
1	临时党支部标准化建设	3	支部组织建设标准化、规范开展组织生活，现场项目部设置党员活动室。 （查党支部标准化建设、组织生活开展记录及党员活动室，未按要求成立输变电工程临时党支部、党支部组织成员名单不完整，扣0.2分：临时党支部未按党建标准化管理要求召开“三会一课”，次数不符合要求，资料不规范不完整，每项扣0.2分；活动记录未体现“党建+电网建设”、工程建设管理、协调等相关内容或记录不全，扣0.2分；党员在党风廉政建设方面发生违纪、违法行为，扣1分；现场项目部未设置党员活动室，扣0.2分；党员活动室标识、各类宣传教育展板不规范、不齐全，每项扣0.2分）		

续表

序号	评价指标	标准分值	考核内容及评分标准	扣分	扣分原因
2	临时党支部作用发挥和创新性	2	“党建+电网建设”工作策划及落实情况，工程建设过程中组织党员带头开展创新创效活动并取得实质性成效，积极发挥临时党支部、党员责任区示范引领。（查“党建+电网建设”工作策划方案、阶段性开展工作总结，未见策划方案、阶段总结，每项扣0.2分；现场未设置党员责任区、示范岗标识牌，责任不明确，扣0.2分；未适时组织党员开展党建共建等活动，扣0.2分；临时党支部、党员责任区示范引领未及时进行宣传报道，扣0.2分）		
四	工作成效（20分）				
1	进度管理	5	按里程碑进度计划开工、投产得满分。开工每延迟1个月，扣0.5分；投产每延迟1个月，扣1分		
2	安全管理	5	实现《国家电网有限公司输变电工程建设安全管理规定》所规定的工程项目安全目标，得满分，否则，得0分		
3	质量管理	5	实现《国家电网有限公司输变电工程建设质量管理规定》所规定的工程项目质量目标，得满分，否则，得0分。未落实质量终身责任制，扣5分		
4	造价管理	5	工程超概算，得0分工程投资结余不符合公司要求扣3分；未按时完成结算，扣2分；出现重大设计变更（签证），1项扣1分（最多扣5分）；费用管理违反国家、行业、公司审计规定，扣5分		
得分率			检查表中所有检查项目分值之和为总分（不包含未涉及检查内容的分值），得分/总分×100%=得分率		
项目管理部（项目管理中心）主任（或分管副主任）签名：　　　　年　月　日					

注：本模板在线下编制填报，与《国家电网有限公司业主项目部标准化管理手册（2021年版）》附件不一致的，以本手册为准。

YAQ2：检查问题通知单

检查问题通知单

检查组织单位：　　　　　　　　　　　　　　　　　　　　　　　编号：

<table>
<tr><td>被查项目</td><td></td><td rowspan="3">被查单位</td><td rowspan="3">1.
2.
3.</td></tr>
<tr><td>被查地点</td><td></td></tr>
<tr><td>检查时间</td><td></td></tr>
<tr><td>检查范围和简要内容</td><td colspan="3"></td></tr>
<tr><td colspan="4">检查发现问题：</td></tr>
</table>

序号	发现问题（照片另附）	责任单位	整改期限
1			
2			
3			
4			
5			
6			
检查人员签名：		签收人：	

注　1．本检查表适用各类环保水保检查。

2．问题照片及描述与整改照片及描述作为本检查表附件。

3．本模板在线下编制填报，上传系统流转。

YAQ3：检查问题整改反馈单

整改反馈：　　　　　　　　　　　　　　　　　　　　　　　　　　编号：

序号	整改情况（照片另附）	整改单位	整改负责人	整改时间
1				
2				
3				
4				
5				
6				
整改复查单位：　　整改复查人：　　复查时间：				

注　1．本检查表适用各类环保水保检查。

2．问题照片及描述与整改照片及描述作为本检查表附件。

3．本模板在线下编制填报，上传系统流转。

YXM4：会议纪要

会 议 纪 要

编号：

工程名称：　　　　　　　　　　　　　　　　　　签发：

<table>
<tr><td>会议地点</td><td></td><td>会议时间</td><td></td></tr>
<tr><td>会议主持人</td><td colspan="3"></td></tr>
<tr><td colspan="4">会议主题：</td></tr>
<tr><td colspan="4">上次会议问题落实情况：</td></tr>
<tr><td colspan="4">本次会议内容：</td></tr>
<tr><td>主送单位</td><td colspan="3"></td></tr>
<tr><td>抄送单位</td><td colspan="3"></td></tr>
<tr><td>发文单位</td><td></td><td>发文时间</td><td></td></tr>
</table>

注　1. 会议纪要由监理项目部记录，业主项目部签发。

2. 本模板在系统线上填报、流转审批。

____________会议签到表

姓名	工作单位	职务/职称	电话

YZJ2：设计变更审批单

设计变更审批单

编号：

工程名称：

<table>
<tr><td colspan="3">致____________（监理项目部）：
变更事由：
变更费用：
附件：1. 设计变更建议或方案。2. 设计变更费用计算书。3. 设计变更联系单（如有）。…

设　总：（签　字）
设计单位：（盖　章）
日　期：______年___月___日</td></tr>
<tr><td>监理单位意见：

总监理工程师：（签字并盖项目部章）
日　期：______年___月___日</td><td>施工单位意见：

项目经理：（签字并盖项目部章）
日　期：______年___月___日</td><td>业主项目部审核意见
专业审核意见：

项目经理：（签字）
日　期：______年___月___日</td></tr>
<tr><td rowspan="2">建设管理单位审批意见
建设（技术）审核意见：

技经审核意见：

部门主管领导：（签字并盖部门章）
日　期：______年___月___日</td><td colspan="2">重大设计变更审批栏</td></tr>
<tr><td>建设管理单位审批意见：

分管领导（签字）：

建设管理单位：（盖章）
日　期：______年___月___日</td><td>省公司级单位建设管理部门审批意见
建设（技术）审核意见：

技经审核意见：

部门分管领导：（签字并盖部门章）
日　期：______年___月___日</td></tr>
</table>

注　1. 编号由监理项目部统一编制，作为审批设计变更的唯一通用表单。

2. 重大设计变更应在重大设计变更审批栏中签署意见。

3. 本表一式五份（施工、设计、监理、业主项目部各一份，建设管理单位存档一份）。

4. 本模板在线下编制填报，上传系统流转。

附录 B

环保水保管理部分

环保水保施工期管理内容

环保水保管理机构应依据相关环境保护与水土保持法律法规及标准、环境影响评价和水土保持方案及其批复文件、环保水保工作策划文件、环保水保相关设计等，结合工程建设进度，对环保水保设施（措施）落实及质量达标情况进行现场监督、检查。

一、水土保持管理内容

1. 变电站工程水土保持重点关注内容

（1）土建施工阶段：重点关注表土剥离及堆存防护、草皮剥离及养护、临时堆土拦挡及防护、裸露场地苫盖、砂石料等施工材料铺垫、临时排水及沉沙、截排设施、护坡、挡墙等水土保持措施实施情况。

（2）设备安装阶段：重点关注站区土石方及表土分层回填、多余表土综合利用、草皮回铺、场地平整、碎石压盖、站区植草等措施落实情况，对站外护坡、挡墙、截排水沟等水土保持设施（措施）的防治效果落实情况进行现场检查。

（3）主体施工结束后：重点关注临时占地区建筑物拆除，并要求进行土地整治，恢复植被或复耕。

（4）重点关注站区挖填方量、取土来源及余土综合利用方向：对工程配套的取土场、弃渣场选址及苫盖、挡土墙、排水沟等水土保持措施落实情况进行检查。

2. 线路工程水土保持管理重点关注内容

（1）材料运输阶段：重点关注水土保持方案及设计提出的限界措施、表土及养护、临时堆土拦挡及防护、裸露场地苫盖、砂石料等施工材料铺垫、临时排水及沉沙、截排设施，土地整治、耕地恢复、撒播草籽、栽植乔灌木等措施实施情况。

（2）基础施工与铁塔组立阶段：重点关注塔基区与塔基施工区迹地恢复情况，关注水土保持方案及设计提出的限界措施、表土及养护、临时堆土拦挡及防护、裸露场地苫盖、砂石料等施工材料铺垫、临时排水及沉沙、截排设施，土地整治、耕地恢复、撒播草籽、栽植乔灌木等措施实施情况，并关注多余表土、余土的综合利用。在场地回填平整的过程中，随即撒播草籽（视施工季节而定）。基础施工结束，开始全线排查，根据塔基设计扰动情况、周围植被、植被土壤情况等，排查出植被恢复困难塔号作为环保水保敏感塔号进行特殊处理。组塔结束、大部分直线塔场地将不再发生较大扰动，此时可以开始进行草方格、碎石压盖等措施施工。

（3）架线阶段：主要关注塔基区、牵张场、跨越施工场地和设备占压的影响。重点关注水土保持方案及设计提出的限界措施、表土及养护、临时堆土拦挡及防护、裸露场地苫盖、砂石料等施工材料铺垫、临时排水及沉沙、截排设施、土地整治、耕地恢复、撒播草籽、栽植乔灌木等措施实施情况。

注：建立环保水保数码照片采集制度，督促监理逐基采集线路塔基地貌数码照片，照片应完整体现最大扰动面积，发现施工单位肆意扩大占地面积的，及时进行纠正，必要时进行经济处罚。数码照片作为环保水保费用结算的重要依据。

二、环境保护管理内容

1. 变电站环境保护重点关注内容

变电站环境保护应主要关注声环境、水环境、生态环境、大气环境以及固体废物处置等五类环境影响要素。

（1）噪声防护设施：监督施工机械噪声污染防治措施落实情况，重点关注变电站高噪声设备选型、各类降噪设施选型［隔声门、窗、风口消声器、吸声墙、设备隔振、隔声屏障、隔声屏障、隔声罩（BOX-IN）］及安装质盘情况。

（2） 水污染防治设施：重点关注污水处理设施的设备选型及安装位置、污水回用设施以及雨污分流管网建设情况；重点关注事故油池建设数量、规模、油水分离装置安装、基础开挖土石方堆存及回填消况、防渗措施落实情况等；重点监督混凝土搅拌废水处和生活区生活污水处理设施建设及运行情况。

（3）生态保护措施（设施）：监督检查施工临时占地选址及生态防护措施落实情况；跟踪检查施工占用农田面积、种类及耕植土保护情况，核查土地整治、耕植土覆盖；跟踪检查施工破坏草地面积、草种及分布情况，核查表土及草皮剥离、保护、回覆及植被恢复情况；监督检查防止水土流失、植被破坏的防护设施的建设及规范运行情况；核查临时用地的恢复情况，跟踪检查施工单位环保拆迁及迹地恢复情况。

（4）大气环境措施（设施）：监督土石方开挖、爆破、混凝土施工、车辆运输、渣土及散装堆料场等施工活动及施工区域降尘、除尘措施，监督防治 SF_6 气体灌装泄漏、施工机械、运输机械尾气达标排放。

（5）固体废物处理措施（设施）：监督检查施工现场、材料站和生活营区的建筑垃圾及生活垃圾收集、储存、处置措施落实情况。

2. 线路环境保护管理重点关注内容

（1）噪声防护措施（设施）：监督检查施工机械噪声污染防治措施落实情况。

（2）水污染防治措施（设施）：重点关注混凝土搅拌废水处理设施建设及运行情况，见证水中立塔施工废水和清淤底泥收集、防护及处理设施落实情况；重点关注是否涉及跨越水体及在水体附近走线的工程施工废水和废渣收集及处理情况。

（3）生态保护措施（设施）：跟踪检查施工沿线林木砍伐量、面积、树种及分布情况核查破坏林地异地恢复的种类、数量和位置是否符合林业和环境保护法规相关要求；监督检查施工临时占地选址及生态防护措施落实情况；跟踪检查施工占用农田面积、种类及耕植土保护情况，核查土地整治、耕植土覆盖；跟踪检查施工破坏草地面积、草种及分布情况，核查表土及草皮剥离、保护、回覆及植被恢复情况；监督检查防止水土流失、植被破坏的防护设施的建设及规范运行情况；核查临时用地的恢复情况，跟踪检查施工单位环保拆迁及迹地恢复情况。

（4）大气环境措施（设施）：监督施工活动及施工区域降尘、除尘措施，监督临时发电设施、施工机械、运输机械气体达标排放。

（5）固体废物处理措施（设施）：监督检查施工现场、材料站和生活营区的建筑垃圾及生活垃圾收集、储存、处置措施落实情况。

3. 涉及生态敏感区环境保护重点关注内容

（1）研判是否涉及生态敏感区以及生态敏感区作业活动的申请；

（2）重点关注施工单位在生态敏感区及其外围保护地带内施工活动场所的防护设施、公告牌、警戒线、警示标示的设置情况；

（3）现场监督施工单位是否按照已批准的专项施工方案组织施工，是否落实环境影响评价文件及其批复意见、设计文件提出的环境污染防治措施及生态保护措施；

（4）在生态敏感区特定区域或保护区周围进行施工时，监督施工行为远离法律法规禁止建设的敏感区域；

（5）项目区涉及列入国家和地方重点保护名录的动、植物资源时，监督施工作业避开动物繁殖、哺乳等特殊时期，监督施工单位按照环境影响评价及批复文件要求进行迹地恢复。

附录C

环保水保工艺标准（线路）

依据环保水保设计图纸、标准规范及项目管理实施规划，项目总工组织编制环保水保专项施工方案，实现“一塔一图”单基策划，施工单位安全、质量、技术等职能部门审核，施工单位技术负责人批准，报监理项目部审批。施工项目部应依据审批通过的专项施工方案逐项开展环保水保施工作业，其中线路工程包括大气环境、水环境、声环境、固体废物、电磁环境、生态环境6类环境要素，涉及相关措施21项；表土保护、拦渣、临时防护、边坡防护、截排水、土地整治、防风固沙、植被恢复8类水土保持工程，涉及相关措施21项。

1. 环境保护措施落实

线路工程环境保护措施按环境要素主要分为大气环境保护措施、水环境保护措施、声环境保护措施、固废防治措施、电磁控制措施和生态环境保护措施。

资料成果：《环保水保专项施工方案》

1.1 大气环境保护措施

目的：降低在设备材料运输、施工土方开挖、堆土堆料作业等过程中产生的施工扬尘，满足《大气污染物综合排放标准》（GB 16297—1996）或者地方排放标准限值的要求。

主要采取措施为洒水抑尘、雾炮机抑尘、密目网苫盖抑尘、全封闭车辆运输。

1.1.1 洒水抑尘

适用阶段：施工全过程。

适用范围：施工道路和施工场地各起尘作业点的扬尘污染防治。

工艺标准：

（1）施工现场应建立洒水抑尘制度，配备洒水车或其他洒水设备。

（2）每天宜分时段喷洒抑尘三次。

（3）每次抑尘洒水量通常按1～2L/m^2考虑。

施工要点：

（1）洒水抑尘应根据天气、扬尘及施工运输情况适当增加或减少喷洒次数。

（2）遇有4级以上大风或雾霾等重污染天气预警时，宜增加喷洒次数。

洒水抑尘如图C.1所示。

图C.1 洒水车洒水抑尘

1.1.2 雾炮机抑尘

适用阶段：基础工程。

适用范围：材料装卸、土方开挖及回填阶段等固定点式作业过程的扬尘污染防治。

工艺标准：

（1）应选择风力强劲、射程高（远）、穿透性好的雾炮机，可以实现精量喷雾，雾粒细小，能快速抑尘，工作效率高。

（2）根据施工场地需抑尘的范围选择雾炮机的射程和数量。

（3）雾炮机可根据粉尘大小选择是单路或者双路喷水，起到节水功能。

施工要点：

（1）启动前，首先确认工具及其防护装置完好，螺栓紧固正常，无松脱，工具部分无裂纹、气路密封良好，气管应无老化、腐蚀，压力源处安全装置完好，风管连接处牢固。

（2）启动时，首先试运转。开动后应平稳无剧烈振动，工作状态正常，检查无误后再行工作。

（3）雾炮机维修后的试运转，应在有防护封闭区域内进行，并只允许短时间（小于 1min）高速试运转，任何时候切勿长时间高速空转。

雾炮机抑尘如图 C.2 所示。

图 C.2　雾炮机抑尘

1.1.3　密目网苫盖抑尘

适用阶段：施工全过程。

适用范围：堆土、堆料场等起尘物质堆放点及裸露地表区域的扬尘污染防治。

工艺标准：

（1）遮盖应根据当时起尘物质进行全覆盖，不留死角；密目网的目数不宜低于 2000 目。

（2）密目网应拼接严密、覆盖完整，采用搭接方式，长边搭接宜不少于 500mm，短边搭接宜不少于 100mm。

（3）坚持“先防护后施工”原则，及时控制施工过程中的扬尘污染和水土流失；苫盖应密闭，减少扬尘及水土流失可能性。

施工要点：

（1）密目网应成片铺设，为保证效果以及延长寿命，应尽量减少接缝，无法避免的接缝采用手工缝制。

（2）密目网应采用可靠固定方式进行固定，压实压牢，能够在一定时间段内起到良好的防风抑尘效果。

（3）密目网管理要明确专人负责，废弃、破损的密目网要及时回收入库，严禁现场填埋、现场焚烧和随意丢弃，避免造成二次污染。

密目网苫盖抑尘如图 C.3 所示。

1.1.4　全封闭运输车辆

适用阶段：基础工程。

适用范围：建筑垃圾、砂石、渣土运输过程的扬尘污染防治。

（a）基础施工抑尘措施

（b）组塔施工抑尘措施

图 C.3　密目网苫盖抑尘

工艺标准：运输车应加装帆布顶棚平滑式装置，全覆盖后与货箱栏板高度持平，车厢尾部栏板加装反光放大号牌。

施工要点：

（1）建筑垃圾、砂石、渣土运输车辆上路行驶应严密封闭，不得出现撒漏现象。

（2）未加装帆布顶棚的运输车辆不予装载，严禁超限装载。

（3）按当地规定运输时段进行运输，确需夜间运输需按当地要求办理相关手续。

（4）运输车辆上路前需进行清洗除尘。

全封闭运输车辆如图 C.4 所示。

图 C.4　全封闭运输车辆

1.2　水环境保护措施

目的：采取措施尽可能回收施工机械清洗、场地冲洗、建材清洗和混凝土养护过程产生的废水，基础开挖、钻孔等过程中形成的泥浆水及施工人员产生的生活污水，满足《污水综合排放标准》（GB 8978—1996）或者地方排放标准等相应标准限值要求。

主要措施包括泥浆沉淀池、临时水冲式厕所、临时化粪池、移动式生活污水处理装置。

1.2.1　泥浆沉淀池

适用阶段：基础工程。

适用范围：混凝土养护或灌注桩基础施工、钻头冷却产生的泥浆废水的处理处置。

工艺标准：

（1）灌注桩基础施工应设泥浆槽、沉淀池。

（2）泥浆池采用挖掘机开挖，四周按要求放坡。开挖应自上而下，逐层进行，严禁先挖坡脚或逆坡开挖。

（3）泥浆池、沉淀池开挖后，须进行平整、夯实；为防池壁坍塌，池顶面需密实。

（4）泥浆池四周及底部应采取防渗措施。

（5）应符合《水利水电工程沉沙池设计规范》（SL/T 269—2019）的要求。

施工要点：

（1）施工中，及时清理沉淀池；清理出来的沉渣集中外运至指定的渣土处理中心处理。

（2）废泥浆用罐车送到指定的处理中心进行处理。

（3）施工完毕后，应及时清除泥浆池内泥浆及沉渣，及时回填、压实、整平，恢复植被或原有土地功能。

图 C.5 开挖式泥浆池

泥浆池如图 C.5 所示。

1.2.2 临时水冲式厕所

适用阶段：施工全过程。

适用范围：施工人员生活污水的处理处置。

工艺标准：

（1）施工生活区应设置临时水冲式厕所，每 25 人设置一个坑位，超过 100 人时，每增加 50 人设置一个坑位，男厕设 10 个坑位，女厕设 1 个坑位。

（2）施工生产区的水冲式移动厕所应围绕施工区均匀布置，每个移动厕所设置 2 个坑位。

施工要点：

（1）临时厕所的个数及容积应根据施工人员数量进行调整。

（2）临时厕所应保持干净、整洁。

（3）临时厕所应做好消毒杀菌工作。

临时水冲式厕所如图 C.6 所示。

图 C.6 临时厕所

1.2.3 临时化粪池

适用阶段：施工全过程。

适用范围：新建临时营地的区域，施工人员生活污水的处理处置。

工艺标准：

（1）临时厕所的化粪池可采用成品玻璃钢化粪池、砌筑化粪池。

（2）砌筑化粪池应进行防渗处理。

（3）化粪池进出管口的高度需要严格控制，管口进行严密的密封。

（4）砌筑化粪池应进行渗漏试验。

（5）施工工地附近有市政排水管网时，化粪池出水可以排放到市政管网；当施工工地附近无市政排水管网时，需要在工地设置生活污水处理装置，处理后的生活污水进行回用（如用于降尘洒水）。

施工要点：

（1）化粪池的进出口应做污水窨井，并应采取措施保证室内外管道正常连接和使用，不得泛水。

（2）化粪池顶盖面标高应高于地面标高 50mm。

（3）化粪池应定期清掏，及时转运，不得外溢。

临时化粪池如图 C.7 所示。

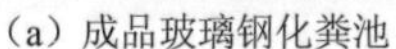

（a）成品玻璃钢化粪池

（b）砌筑化粪池

图 C.7　临时化粪池

1.2.4　*移动式生活污水处理装置*

适用阶段：施工全过程。

适用范围：人烟稀少地区施工人员生活污水的处理处置。

工艺标准：

（1）与移动式生活污水处理装置配套的集水池、调节池、污泥池应按相关标准施工，采取防渗措施。

（2）移动式生活污水处理装置应选择正规厂家的成熟设备。

施工要点：

（1）移动式生活污水处理装置进水管与泵、出水管与出水管线之间的管道应连接紧密，无渗漏。

（2）设备整体安装完毕后，应试漏合格后方可投入使用。

（3）采用生化法的处理装置，应每天观察生化池内填料情况，需填料全部长满了生物膜方可投入正常运行。

移动式生活污水处理装置如图 C.8 所示。

（a）污水处理箱

（b）污水处理车

图 C.8　移动式生活污水处理装置

1.3　声环境保护措施

目的：采取措施控制施工机械产生的噪声，满足《建筑施工场界环境噪声排放标准》（GB 12523—2011）中的标准限值要求。

主要措施包括设立围挡、车辆禁鸣、错时作业。

适用阶段：施工全过程。

适用范围：施工期间噪声的控制。

工艺标准：

（1）施工场地周围应尽早建立围栏等遮挡措施，尽量减少施工噪声对周围声环境的影响。

（2）运输材料的车辆进入施工现场严禁鸣笛。

（3）夜间施工需取得县级生态环境主管部门的同意。

施工要点：

（1）夜间施工时禁止使用高噪声的机械设备。

（2）在居民区禁止夜间打桩等作业。

（3）施工现场的机械设备，宜设置在远离居民区侧。

（4）优先使用包含在国务院工业和信息化主管部门、国务院生态环境、住房和城乡建设、市场监督管理等部门公布的低噪声施工设备指导名录中的施工设备。

图 C.9　彩钢板围挡隔声

施工噪声控制措施如图 C.9 所示。

1.4　固废防治措施

目的：控制、处理施工过程产生的建筑垃圾、房屋拆迁产生的建筑垃圾、原材料和设备包装物、临时防护工程产生的废弃织物。

主要措施包括通过建筑垃圾清运、废料和包装物回收与利用、施工场地垃圾箱。

1.4.1　建筑垃圾清运

适用阶段：施工全过程。

适用范围：施工区域建筑垃圾的清运。

工艺标准：

（1）建筑垃圾应分类集中堆放，及时清运。

（2）建筑垃圾清运车辆应满足国家、地方和行业对机动车安全、排放、噪声、油耗的相关法规及标准要求。

（3）建筑垃圾清运车辆的外观、结构和密闭装置及监控系统应符合国家和地方的相关规定。

（4）建筑垃圾清运应按当地管理规定办理相关手续。

（5）建筑垃圾应按批准的时间、路线清运，在市政部门指定的消纳地点倾倒。

施工要点：

（1）建筑垃圾清运车辆应封闭严密后方可出场，装载高度不得高出车厢挡板。

（2）建筑垃圾清运车辆出场前应将车辆的车轮、车厢吸附的尘土、残渣清理干净，防止车辆带泥上路。

（3）建筑垃圾运输过程中应切实达到无外露、无遗撒、无高尖、无扬尘的要求。

（4）建筑垃圾清运车辆要按当地规定运输时段运输，夜间运输需按当地要求办理相关手续。

建筑垃圾密闭运输车辆如图 C.10 所示。

图 C.10　建筑垃圾密闭运输车辆

1.4.2　废料和包装物回收与利用

适用阶段：施工全过程。

适用范围：施工废料、原材料和设备包装物回收，包括导线头、角铁，设备包装箱、纸、袋，保护设备的衬垫物，导线轴等。

工艺标准：

（1）施工中可回收的废料、包装物应收集，并集中存放。

（2）可在工程中使用的包装物应优先回用于工程，如编织袋可装土用于临时防护。

（3）原材料和设备厂家能回收的包装物宜由其回收，不能回收的宜委托有资质单位回收利用。

（4）不能回收利用废料、包装废弃物应交由有资质单位做资源化处理。

（5）废料、包装物属于国家电网有限公司物资管理范畴的，其回收与利用应按国家电网有限公司规定执行。

施工要点：

（1）不同材料的包装物应分类收集、存放。

（2）包装物的回收与利用不应产生二次污染。

（3）应设专人负责包装物的回收与利用。

钢筋回收如图 C.11 所示。

图 C.11　钢筋回收

1.4.3　施工场地垃圾箱

适用阶段：施工全过程。

适用范围：施工生产区、办公区和生活区。

工艺标准：

（1）施工场地应设置垃圾箱对生活垃圾进行集中收集，垃圾箱的数量应根据现场实际情况设定。

（2）施工生活区宜配置分类垃圾箱，分类垃圾箱设置根据施工所在地要求执行。

（3）施工现场应设置封闭式垃圾转运箱，并定期清运。

（4）施工生活区垃圾箱数量可按平均每人每天产生 1kg 垃圾进行设置。

（5）垃圾转运箱设置 1～2 个。

（6）项目所在地有相关规定的，应按相关规定执行。

施工要点：

（1）垃圾箱应摆放整齐，外观整洁干净。

（2）设置专人负责生活区、办公区、施工生产区的清扫及生活垃圾的收集工作。

（3）生活垃圾定期清运。

分类垃圾箱、垃圾收集转运箱如图 C.12 所示。

（a）分类垃圾箱

（b）垃圾收集转运箱

图 C.12 分类垃圾箱、垃圾收集转运箱

1.5 电磁控制措施

目的：预防输电线路平行接近或跨越带电运行线路施工时产生的感应电伤人。

主要措施包括感应电预防、设备尖端放电预防、高压标识牌。

1.5.1 感应电预防

适用阶段：组塔、架线工程。

适用范围：平行接近或跨越带电线路施工。

工艺标准：

（1）进行临电作业时，应保证安装的设备和施工机械均接地良好。

（2）架线时，张力机、牵引机前端的钢丝牵引绳应采取接地滑车释放感应电。

（3）放线挡中间的直线塔应按要求设置接地放线滑车。

（4）紧线后耐张塔附件后应采用接地线将绝缘子两侧金具短路连接。

（5）临近带电体的作业人员应穿屏蔽服，高空人员应正确使用安全带等防护用品。

（6）可采取自动确定临电距离的设备或监测方法，保证作业人员对带电体净空距离满足安全要求。

施工要点：

（1）临时围挡设置应牢固，要保证足够的安全距离，要有人员防误入带电区措施。

（2）设备、机械的接地连接要可靠，接地钢钎等接地体要设置稳固，接地电阻要满足要求。

（3）张力机等设备前的接地滑车、直线塔接地滑车设置位置应保证可靠接地效果。

（4）屏蔽服使用前必须仔细检查外观质量，如有损坏即不能使用。穿着时必须将衣服、帽、手套、袜、鞋等各部分的多股金属连接线按照规定次序连接好，并且不能和皮肤直接接触，屏蔽服内应穿内衣。屏蔽服使用后必须妥善保管，不与水气和污染物质接触，以免损坏，影响电气性能。

临近电作业感应电预防如图 C.13 所示。

图 C.13　人员穿着屏蔽服作业

1.5.2　设备尖端放电预防

适用阶段：架线工程。

适用范围：线路电气安装。

工艺标准：

（1）线路施工应采取张力架线工艺，避免导线落地产生摩擦。

（2）线路紧线、附件作业应落实导线质量保护工艺，降低导线损伤发生概率。

施工要点：

（1）导线出现磨损时，应用砂纸打磨等方式处理合格。

（2）调整板、开口销、均压环等安装工艺要按规定进行，调整板朝向、开口销角度、均压环与绝缘子、金具的距离均应满足降低尖端放电的要求。

（3）架线时张力机轮径、放线滑车轮径应满足工艺要求，轮槽不应有破损，避免导线损伤。

（4）导线压接及金具连接需接触地面时，应做好铺垫，防止磨伤设备。

设备尖端放电预防如图 C.14 所示。

图 C.14　设备尖端放电预防

1.5.3　高压标识牌

适用阶段：架线工程。

适用范围：线路铁塔的高压标识牌。

工艺标准：

（1）高压标识牌的材质、样式和规格应符合国家电网有限公司相关规定要求。

（2）高压标识牌的安装位置可根据实际情况确定，同一工程标识牌距地面安装高度应统一。

（3）每基塔均应设置高压标识牌，安装位置可结合塔位牌一同考虑。

施工要点：

（1）高压标识牌宜采用螺栓固定，牢固可靠。

（2）定期检查高压标识牌，出现脱落、污损应及时补装、更换。

图 C.15　线路高压标识牌

高压标识牌如图 C.15 所示。

1.6　生态环境保护措施

目的：减少施工活动如场地平整、基坑（槽）开挖、混凝土浇筑、铁塔组立、架线施工、施工人员和车辆进出等对地表植被、土壤的扰动和破坏，减少对工程周围动物的影响。

主要措施包括施工限界、棕垫隔离、彩条布铺垫与隔离、钢板铺垫、孔洞盖板、迹地恢复。

1.6.1　施工限界

适用阶段：施工全过程。

适用范围：塔基区、施工便道、牵引场、张力场、施工营地等区域的施工限界。

工艺标准：

（1）施工现场应采取限界措施，以限制施工范围，避免对施工区域外的植被、土壤等造成破坏。

（2）施工限界可视现场情况采取彩钢板围栏、硬质围栏、彩旗绳围栏、安全警示带等限界措施。

（3）彩钢板围栏、硬质围栏、彩旗绳围栏质量应符合相关标准要求。

（4）彩钢板围栏各构件安装位置应符合设计要求。

（5）彩钢板围栏、硬质围栏等宜采用重复利用率高的标准化设施。

施工要点：

（1）线路塔基区、牵引场、张力场可采用彩旗绳进行限界。

（2）彩钢板围栏应连续不间断。

（3）施工过程中应定期检查限界措施的完整性，破损时应及时更换或修补。

施工限界如图 C.16 所示。

（a）硬质围栏限界

（b）彩旗绳限界

图 C.16　施工限界

1.6.2　棕垫隔离

适用阶段：施工全过程。

适用范围：地表植被较脆弱、恢复困难的地段。

工艺标准：

（1）棕垫应拼接严密、覆盖完整，搭接宽度应不小于 200mm。

（2）棕垫质量应符合相关标准要求。

施工要点：

（1）施工过程中，应每天检查棕垫的完整性，如有破损应及时补修或更换。

（2）施工结束后应及时将棕垫撤离现场。

棕垫隔离如图 C.17 所示。

（a）施工场地棕垫隔离

（b）运输道路棕垫隔离

图 C.17　棕垫隔离

1.6.3　彩条布铺垫与隔离

适用阶段：施工全过程。

适用范围：临时堆土、堆料场、牵张场等。

工艺标准：

（1）彩条布应具有耐晒和良好的防水性能。

（2）严寒地区施工选用的彩条布还应具有耐低温性。

（3）临时堆土、堆料彩条布铺垫的用料量按照堆土面积的 1.2 倍～3 倍计算。

（4）彩条布搭接宽度应不小于 200mm。

（5）彩条布质量应符合相关标准要求。

施工要点：

（1）彩条布铺垫前应将场地内石块清理干净。

（2）彩条布设铺设应平整，并适当留有变形余量。

（3）施工时应注意检查彩条布是否有洞或破损。

（4）彩条布应覆盖完整，并检查是否有遗漏。

（5）正常情况下，坡面铺垫时不能有水平搭接。

（6）施工结束后及时撤离彩条布，并妥善处理，避免二次污染。

彩条布隔离与铺垫如图 C.18 所示。

1.6.4　钢板铺垫

适用阶段：施工全过程。

（a）基础施工场地彩条布隔离与铺垫

（b）张力场彩条布隔离与铺垫

图 C.18　彩条布隔离与铺垫

适用范围：利用田间道路作为施工便道或需占用农田作为临时用地的情况，其他情况可根据环评报告和批复要求、工程地形地质地貌特点等选用钢板铺垫措施。

工艺标准：

（1）钢板应采用厚度为 20mm 以上的热轧中厚钢板，级别为 Q235B。

（2）土质结构较为松散的地面，应适当增加钢板的厚度。

施工要点：

（1）钢板铺垫的路面、路线和路宽可视现场实际情况而定。

（2）钢板铺设时须纵向搭接，保证车辆行驶时不出现翘头板。

钢板铺垫如图 C.19 所示。

图 C.19　钢板铺垫

1.6.5　孔洞盖板

适用阶段：基础工程。

适用范围：于动物活动频繁区域。

工艺标准：

（1）动物保护基坑盖板的实施宜在当地林业部门的指导下进行。

（2）应能防止附近的野生动物跌落入塔基基坑。

（3）孔洞盖板的制作应符合国家电网有限公司相关规定，当林业部门有特殊要求时从其要求。

施工要点：

（1）合理规划协调施工工期，最大限度避开野生动物的重要生理活动期，如繁殖期（5～8 月）中的高峰时段。

（2）每天施工撤离前应对所有的施工挖孔基础或桩基础基坑进行检查，是否全部覆盖了基坑盖板。

孔洞盖板如图 C.20 所示。

（a）实物图

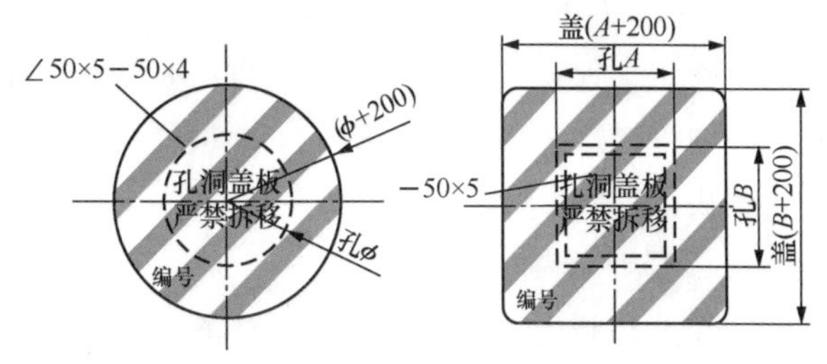

（b）示意图（单位：mm）

图 C.20　孔洞盖板

1.6.6　迹地恢复

适用阶段：施工全过程。

适用范围：房屋拆迁和施工临时占地的恢复。

工艺标准：

（1）房屋建筑、施工临建拆除后，硬化地面需剥离，基础需挖除，产生的建筑垃圾处理和运输应符合相关法律法规要求。

（2）硬化地面剥离、基础挖除后，需对迹地进行平整，以达到土地平坦，坡度不超过 5°。

（3）平整后的土地应及时恢复地表植被或原有使用功能。

（4）施工临时堆土场、堆料场，临时道路，牵张架线场等临时占地应在占用结束后及时恢复地表植被或原有使用功能。

（5）房屋建筑、施工临建拆除应彻底，禁止残留墙体、硬化地面和基础。

施工要点：

（1）房屋建筑、施工临建拆除过程应注意保护周围地表植被、控制扬尘。

（2）房屋建筑、施工临建拆除形成的建筑垃圾应全部清运，禁止原地掩埋。

（3）迹地平整可采取推土机和人工相结合的作业方式，即采用推土机初平然后人工整平。

（4）拆迁后或临时占用后的迹地应恢复至满足耕种的条件，非耕地视情况实施植被恢复并保证成活率。

迹地恢复如图 C.21 所示。

（a）房屋拆迁中

（b）迹地恢复后

图 C.21　迹地恢复

2. 水土保持措施落实

线路工程水土保持措施按照单位工程主要分为表土保护措施、拦渣工程措施、临时防护措施、边坡防护措施、截排水措施、土地整治措施、防风固沙措施和植被恢复措施。

资料成果：《环保水保专项施工方案》《水土保持单元工程质量检验及评定记录表》

2.1 表土保护措施

目的：保护和利用因开挖、填筑、弃渣、施工等活动破坏的表土资源。

主要措施包括表土剥离、表土回覆、表土铺垫保护、草皮剥离养护及回铺。

2.1.1 表土剥离、保护

适用阶段：基础工程。

适用范围：扰动地表的永久及临时征占地范围，包括地表开挖或回填施工区域。

工艺标准：

（1）满足《生产建设项目水土保持技术标准》（GB 50433—2018）和《土地利用现状分类》（GB/T 21010—2017）相关要求。

（2）应把表土集中堆放并完成苫盖，表土中不应含有建筑垃圾等物质。

（3）表土剥离厚度根据表层熟化土厚度确定，一般为100～600mm；平原区塔基原地类为耕地、草地的，表土剥离厚度一般为300mm；山丘区塔基、施工临时道路原地类为草地、林地的，剥离厚度一般为100mm；高寒草原草甸地区，应对表层草甸进行剥离；对于内蒙古草原生态比较脆弱的区域应考虑减少扰动和表土剥离。

施工要点：

（1）定位及定线。将不同的剥离单元进行画线，标明不同单元土壤剥离的范围和厚度。当剥离单元内存在不同的土层时，应分层标明土壤剥离的厚度。

（2）清障。实施剥离前，应清除土层中较大的树根、石块、建筑垃圾等异物，不影响施工及余土堆放的灌木、乔木应做好保护。

（3）表土剥离。在每一个剥离单元内完成剥离后，应详细记载土壤类型和剥离量；在土壤资源瘠薄地区，如需进行犁底层、心土层等分层剥离，应增加记载土壤属性；表土较薄的山区表土、草甸区草甸土可采取人工剥离；土层较厚的平原区可采取机械剥离。

（4）临时堆放。剥离的表土需要临时堆放时，应选择排水条件良好的地点进行堆放，并采取保护措施；表土较薄的山区表土应装入植生袋就近存放；土层较厚的平原区可采用就近集中堆存或异地集中堆存。

（5）其他方面的要求如下：

1）当剥离过程中发生较大强度降雨时，应立即停止剥离工作。在降雨停止后，待土壤含水量达到剥离要求时，再开始剥离操作。因受降雨冲刷造成土壤结构严重破坏的表土面应予清除。

2）禁止施工机械在尚未开展土壤剥离的区域运行；应确保施工作业面没有积水。

3）对剥离后的土壤应进行登记，详细载明运输车辆、剥离单元、储存区或回覆区、土壤类型、质地、土壤质量状况、数量等，并建立备查档案。

表土剥离如图C.22所示。

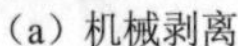

（a）机械剥离

（b）表土集中堆存

图 C.22　表土剥离

2.1.2　表土回覆

适用阶段：施工全过程。

适用范围：施工结束后，需要进行植被建设、复耕的区域。

工艺标准：

（1）满足《生产建设项目水土保持技术标准》（GB 50433—2018）和《土地利用现状分类》（GB/T 21010—2017）的相关要求。

（2）应采用耕植土或其他满足要求的回填土，回填土中不应含有建筑垃圾等物质。

（3）回填时应封层夯实，回填土的夯实系数应达到设计要求。

（4）应保证地表平整。

（5）覆土厚度应根据土地利用方向、当地土质情况、气候条件、植物种类以及土源情况综合确定。一般情况下农业用地 300～600mm，林业用地 400～500mm，牧业用地 300～500mm。园林标准的绿化区可根据需要确定回覆表土厚度。

（6）回覆位置和方式应按照植被恢复的整地方式进行。平地剥离的表土数量足够时，一般将绿化及复耕区域全面回覆；坡地剥离的表土数量较少时，采用带状整地的可将绿化及复耕区域全面回覆，采用穴状整地的应将表土回覆于种植穴内。

（7）若剥离的表土不满足种植要求时，应外运客土回覆。

施工要点：

（1）画线。土地整治完成，回覆区确定后，应通过画线，明确回覆区范围；并根据恢复植被的种植要求和种植整地设计，划分回覆单元（条带），确定每个回覆单元的覆土范围和厚度。

（2）清障。应清除回填区域内土壤中的树根、大石块、建筑垃圾等杂物，保证回填区域地表的清洁。

（3）卸土、摊铺、平整。表土回覆应在土壤干湿条件适宜的情况下进行。应按照恢复植被的种植方向逐步后退卸土，土堆要均匀，摊铺厚度以满足设计覆土厚度为准。边卸土边摊铺，在摊铺完成后，采用荷重较低的小型机械或耙犁进行平整。当覆土厚度不满足耕作层厚度时，应用工进行局部修复。

（4）翻耕。表土回覆后，视土壤松实程度安排土地翻耕，使土壤疏松，为植物根系生长创造良好条件。同时通过农艺措施和土壤培肥，不断提升地力，逐步达到原始地力水平。

（5）避开雨期施工，必要时在回覆区开挖临时排水沟。

表土回覆如图 C.23 所示。

（a）机械回覆

（b）人工回覆

图 C.23　表土回覆

2.1.3　表土铺垫保护

适用阶段：施工全过程。

适用范围：由于人员走动或设备占压而对地表产生扰动的区域。

工艺标准：

（1）裸露的地表可选用彩条布铺垫在底部再集中堆存表土，减少对原地貌的扰动，堆土边沿用装入表土的植生袋进行拦挡，堆土上部用密目网苫盖避免扬尘。

（2）彩条布搭接宽度应不小于 200mm。

（3）彩条布质量应符合相关标准要求。

施工要点：

（1）彩条布铺垫前应将场地内石块清理干净。

（2）彩条布设铺设应平整，并适当留有变形余量。

（3）施工时应注意检查彩条布是否有洞或破损。

（4）彩条布应覆盖完整，并检查是否有遗漏。

（5）施工结束后及时撤离彩条布，并妥善处理，避免二次污染。

表土铺垫保护如图 C.24 所示。

图 C.24　表土铺垫保护

2.1.4　草皮剥离、养护及回铺

适用阶段：施工全过程。

适用范围：青藏高原等高寒草原草甸地区草皮的保护与利用。

工艺标准：

（1）满足《生产建设项目水土保持技术标准》（GB 50433—2018）的相关要求。

（2）应把草坪妥善保存好，尽量不要破坏根系附着土。

（3）应该定期浇水。

（4）草皮回铺时应压实，压实系数应达到设计要求。

（5）应保证地表平整。

施工要点：

（1）原生草皮剥离。按照 500mm×500mm×（200～300mm）（长×宽×厚）的尺寸规格，将原生地表植被切割剥离为立方体的草皮块，移至草皮养护点；剥离草皮时，应连同根部土壤一并剥离，尽量保证切割边缘的平整；必须在根系层以下保留 30～50mm 的裕度，以保证根系完整并与土壤良好结合，确保草皮具有足够的养分来源；草皮剥离和运输过程中，应避免过度震动而导致根部土壤脱落；此外，要对草皮下的薄层腐殖土就近集中堆放，用于后期草皮回移时的覆土需要。

（2）剥离草皮养护。草皮养护点可选择周边空地、养护架或纤维袋隔离的邻近草地上，后者的草皮厚度需控制在 4 层之内。分层堆放草皮块时，需采用表层接表层、土层接土层的方式。要注意经常洒水，以保持养护草皮处于湿润状态，并在周边设置水沟，将大雨时段的多余降水及时排走，避免草皮长期处于淹没状态而腐烂死亡。养护草皮的堆放时间不宜过长，回填完成后，应立即进行回移。

（3）草皮回移铺植。草皮回铺施工工艺应符合下列规定：

1）草皮回铺区域应回填压实，压实系数应达到设计要求。回铺前应进行土地整治，先垫铺 50～100mm 厚的腐殖土层。在腐殖土层不足的情况下，可利用草皮移植过程中废弃的草皮土。铺植时，把草皮块顺次摆放在已平整好的土地上，铺植后压平，使草皮与土壤紧接。

2）机械铲挖的草皮经堆放和运输，根系会受到一定损伤，铺植前要弃去破碎的草皮块。

3）铺植时，把草皮块顺次摆放在已平整好的土地上，铺植后压平，使草皮与土壤紧接。

4）铺植时应减少人为原因造成草皮损坏，影响成活率；同时，尽量缩小草皮块之间的缝隙，并利用脱落草皮进行补缝。

5）应尽量保证回铺草皮与周边原生草皮处于同一平面以提高成活率。

草皮剥离及养护如图 C.25 所示。草皮回铺如图 C.26 所示。

（a）草皮剥离

（b）草皮养护

图 C.25　草皮剥离及养护

（a）草皮回铺

（b）回铺后养护

图 C.26　草皮回铺

2.2　拦渣工程措施

目的：支撑和防护弃渣体，防止其失稳滑塌的构筑物。

主要措施包括浆砌石挡渣墙、混凝土挡渣墙。

2.2.1　浆砌石挡渣墙

适用阶段：基础工程。

适用范围：山丘区塔基基础余土（渣）的防护。

工艺标准：

（1）浆砌石挡渣墙基础应嵌入原状土，在坐落位置开槽，开槽深度应满足设计要求。

（2）基础开挖及处理工程量符合设计要求。

（3）墙体砌筑工程量应符合设计要求。

（4）砌石砌筑石料规格、砂浆强度符合设计要求，铺浆均匀、灌浆饱满、石块紧靠密实、垫塞稳固、无架空等现象。排水孔位置、数量、尺寸应符合设计要求。沉降缝设置符合设计要求。

（5）墙体砌筑坡比符合设计要求。

（6）墙体断面尺寸应符合设计要求，厚度允许偏差为±20mm，顶面标高允许偏差为±15mm。

（7）墙体砌筑砌缝宽度应符合设计要求，工艺美观。

（8）浆砌石挡渣墙需先制作挡渣墙并达到设计强度后方可在其上坡侧堆置渣土。

施工要点：

（1）基础开挖前，需对挡渣墙坐落位置、余土永久堆存位置清障、剥离表土；剥离的表土应装袋堆存。

（2）根据施工设计图纸，准确计算挡渣墙的轴线位置，然后进行轴线放样，并测量出挡渣墙边线和基石开挖尺寸。浆砌石挡墙基槽开挖可采取人工或机械进行，开挖出的余土堆置于挡渣墙上侧的永久堆土区，用填土植生袋临时拦挡。基槽尺寸、深度应符合设计要求，开挖完毕应会同监理、设计验槽，确定地耐力符合设计要求方可进行挡渣墙墙体施工。

（3）施工过程中应将基础范围内风化严重的岩石、杂草、树根、表层腐殖土、淤泥等杂物清除。当地基开挖发现有淤泥层或软土层时，需进行换填处理。

（4）砌石底面应卧浆铺砌，立缝填浆捣实，不得有空缝和贯通立缝。砌筑中断时，应将砌好的石层空隙用砂浆填满，再砌筑时石层表面应清扫干净，洒水湿润。砌筑外露面应选择有平面的石块，且大小搭配、相互错叠、咬接牢固，使砌体表面整齐，较大石块应宽面朝下，石块之间应用砂浆填灌密实。

（5）排水孔位置、尺寸、坡降、数量、材质应符合设计要求，一般条件下，排水孔孔径50～100mm，纵横向间距2～3m，坡降5%，呈梅花形交错布置。排水孔下方挡墙上坡侧应设置夯填黏土隔水层，排水孔上方上坡侧设置反滤层，排水孔位置设置碎石囊堆防止排水孔堵塞。

（6）砌体勾缝一般采用平缝或凸缝。勾缝前须对墙面进行修整，再将墙面洒水湿润，勾缝的顺序是从上到下，先勾水平缝后勾竖直缝。勾缝宽度应均匀美观，深（厚）度为10～20mm，缝槽深度不足时，应凿够深度后再勾缝。

（7）挡渣墙墙体应在砂浆初凝后开始养护，洒水或覆盖4～14d，养护期间应避免碰撞、振动或承重。

浆砌石挡渣墙如图C.27所示。

图C.27　浆砌石挡渣墙

2.2.2　混凝土挡渣墙

适用阶段：基础工程。

适用范围：弃渣场的渣体防护，也可用于山丘区塔基基础余土（渣）的防护。

工艺标准：

（1）混凝土挡渣墙基础应嵌入原状土，在坐落位置开槽，开槽深度应满足设计要求。

（2）基础开挖及处理工程量符合设计要求。

（3）墙体砌筑工程量应符合设计要求。

（4）墙体砌筑坡比符合设计要求。

（5）基坑断面尺寸符合设计要求。

（6）表面平整度允许偏差±20mm。

（7）墙体厚度允许偏差±20mm，顶面标高允许偏差为±15mm。

（8）排水孔设置连续贯通，孔径、孔距允许误差为±5%。

（9）墙体砌筑砌缝宽度应符合设计要求，工艺美观。

（10）混凝土挡渣墙需先制作挡渣墙并达到设计强度后方可在其上坡侧堆置渣土。

施工要点：

（1）基础开挖前，需对挡渣墙坐落位置、余土永久堆存位置清障、剥离表土；剥离的表土应装袋堆存。根据施工设计图纸，准确计算挡渣墙的轴线位置，然后进行轴线放样。

（2）施工过程中应将基础范围内风化严重的岩石、杂草、树根、表层腐殖土、淤泥等杂物清除。当地基开挖发现有淤泥层或软土层时，需进行换填处理。混凝土挡墙基槽开挖可采取人工或机械进行，开挖出的余土堆置于挡渣墙上侧的永久堆土区，用填土植生袋临时拦挡。基槽尺寸、深度应符合设计要求，开挖完毕应会同监理、设计验槽，确定地耐力符合设计要求方可进行挡渣墙墙体施工。

（3）水泥、砂、碎石、外加剂、水等原材料严格按设计要求，控制混凝土配合比，现场混凝土的配合比应满足强度、抗冻、抗渗及和易性要求，控制最大水灰比和坍落度。混凝土振捣应密实。

（4）做好模板安装，模板安装是现浇混凝土护坡施工的关键工序之一。挡渣墙墙体浇制施工时清理坑口周边的杂物和松散泥土，按需搭设作业平台，按设计要求绑扎钢筋、支设模板并找正，对模板进行可靠固定。

（5）现场搅拌混凝土，浇制前检查混凝土塌落度确保混凝土配合比符合设计要求。浇筑混凝土后使用振动棒分层振捣混凝土，插点间距不大于振动棒的作用半径的1.4倍。

（6）模板安装和混凝土搅拌完成后进行混凝土浇筑，混凝土浇筑应先坡后底，最后浇筑压沿。浇筑开始前应在精削后的边坡上安放钢模板并固定闭孔泡沫塑料伸缩缝。混凝土运到浇筑现场后应及时流槽入仓。

（7）混凝土浇筑完毕12h后以草帘覆盖、洒水养护2～3d。结合空间施工段划分，待混凝土达到1.2MPa强度时，方可拆模进行补空板的浇筑。

（8）在混凝土强度满足以上要求后，对相邻板缝进行清理，清理深度符合设计要求，按设计要求进行填缝。

图C.28　混凝土挡渣墙

混凝土挡渣墙如图C.28所示。

2.3　临时防护措施

目的：防护施工中的临时堆料、堆土（石、渣，含表土）、临时施工迹地等，防止降雨、风等外营力冲刷、吹蚀。

主要措施包括临时排水沟、填土编织袋（植生袋）拦挡、临时苫盖。

2.3.1　临时排水沟

适用阶段：基础工程。

适用范围：临时堆土及裸露地表产生汇水的排导。

工艺标准：

（1）工程量符合设计或实际情况。

（2）排水通畅、散水面设置符合实际要求。

施工要点：

（1）先做好临时排水沟走向设计，定位定线。

（2）挖沟前应先清障，先整理排水沟基础，铲除树木、草皮及其他杂物等；挖沟时应将表土剥离进行集中堆存，余土堆置于沟槽下坡侧，培土拍实成为土埂。

（3）挖掘沟身时须按设计断面及坡降进行整平，便于施工并保持流水顺畅。

（4）填土部分应充分压实，并预留高度10%的沉降率。填土不得含有树根、杂草及其他腐蚀物。

（5）临时排水沟不再使用时，应将余土填入沟中，充分压实，覆盖表土，预留高度10%

的防尘层，必要时采取人工植被恢复措施。

图 C.29　临时排水沟

临时排水沟如图 C.29 所示。

2.3.2　填土编织袋（植生袋）拦挡

适用阶段：基础工程。

适用范围：临时堆土的拦挡。

工艺标准：

（1）工程措施坚持“先防护后施工”原则。

（2）坡脚处拦挡要满足堆土量的设计要求。

（3）编织袋（植生袋）宜采用可降解材料。

施工要点：

（1）一般采用编织袋或植生袋装土进行挡护，编织袋（植生袋）装土布设于堆场周边、施工边坡的下侧，其断面形式和堆高在满足自身稳定的基础上，根据堆体形态及地面坡度确定。

（2）一般采取“品”字形紧密排列的堆砌护坡方式，挡护基坑挖土，避免坡下出现不均匀沉陷，铺设厚度一般按 400～600mm，坡度不应陡于 1∶1.2～1∶1.5，高度宜控制在 2m 以下。

（3）编织袋（植生袋）填土交错垒叠，袋内填充物不宜过满，一般装至编织袋（植生袋）容量的 70%～80%为宜。同时，对于水蚀严重的区域，在“品”字形编织袋（植生袋）挡墙的外侧需布设临时排水设施，风蚀区则不考虑。

（4）可使用填生土编织袋或填腐殖土植生袋进行临时拦挡，宜使用填腐殖土植生袋进行永临结合拦挡，堆土一次到位，避免倒运。

（5）填生土编织袋临时拦挡时间一般不超过 3 个月，避免编织袋风化垮塌。植生袋一般采用可降解的无纺布材质，降解周期 2～3 年，强度大可重复倒运使用，夹层粘贴的草籽具备成活条件。

填土编织袋（植生袋）拦挡如图 C.30 所示。

（a）编织袋（植生袋）拦挡施工

（b）填土编织袋（植生袋）挡墙

图 C.30　填土编织袋（植生袋）拦挡

2.3.3　临时苫盖

适用阶段：施工全过程。

适用范围：临时堆土及裸露地表的苫盖。

工艺标准：

（1）布设位置符合设计要求，覆盖边缘有效固定。

（2）苫盖材料选择符合设计要求。

（3）被苫盖体无裸露。

（4）苫盖材料搭接尺寸允许偏差不小于 100mm。

（5）苫盖密实、压重可靠。

施工要点：

（1）临时苫盖材料可选择仿真草皮毯、密目网、彩条布、塑料布、土工布、钢板、棕垫、无纺布、植生毯等对堆土、裸露的施工扰动区、临时道路区、植被恢复区进行临时苫盖。

（2）存放砂石、水泥等材料的扰动区地表可使用彩条布临时苫盖，使用 U 形钉固定于地面，两片草皮毯接缝处应重合 50～100mm。

（3）塔基的泥浆池、临时蓄水池其坑底和坑壁可使用塑料布苫盖。

（4）牵张场等施工扰动区可使用密目网、土工布、彩条布等临时苫盖。

（5）高原草甸施工扰动区、临时道路可使用棕垫苫盖减少对地表扰动和植被破坏。

（6）临时道路可使用钢板临时苫盖，降低对临时道路破坏。

（7）植被恢复区可使用无纺布、植生毯等进行临时苫盖，保存土壤水分，提高植被成活率。

（8）施工时在苫盖材料四周和顶部应放置石块、砖块、土块等重物做好固定，以保持其稳定，避免大风吹起彩条布、无纺布等降低苫盖效果或发生危险。

（9）运行中要定期检查苫盖材料的破漏情况，及时修补。

（10）极端天气前后一定要检查其完整情况。

（11）临近带电体时不宜采用密目网、彩条布等苫盖措施，防止被大风吹到带电设备上发生危险。

（12）所有苫盖用材料要做好回收利用或回收处理，避免污染环境。

临时苫盖措施如图 C.31 所示。

（a）密目网临时苫盖

（b）彩条布临时苫盖

图 C.31　临时苫盖措施

2.4　边坡防护措施

目的：稳定斜坡，防治边坡风化、面层流失、边坡滑移、垮塌，首要目的是固坡，对扰动后边坡或不稳定自然边坡具有防护和稳固作用，同时兼具边坡表层治理、美化边坡等功能。

主要措施包括浆砌石护坡、生态袋绿化边坡。

2.4.1 浆砌石护坡

适用阶段：基础工程。

适用范围：山丘区输电线路开挖边坡和回填边坡的防护。

工艺标准：

（1）基面坡度、地耐力应符合设计要求。

（2）垫层厚度符合设计要求，允许偏差为±15%。

（3）垫层处理工程量符合设计要求。

（4）护坡砌筑工程量应符合设计要求。

（5）护坡砌石砌筑石料规格、砂浆强度应符合设计要求，铺浆均匀、灌浆饱满。

（6）排水孔位置、数量、尺寸应符合设计要求，一般条件下，排水孔孔径 50～100mm，纵横向间距 2～3m，底坡 5%，呈梅花形交错布置。

（7）护坡砌筑表面平整度应符合设计要求，允许偏差为±50mm。

（8）护坡厚度应符合设计要求，厚度允许偏差为±50mm。

（9）坡度应符合设计要求。

（10）基面坡度符合设计要求。

（11）护坡砌筑勾缝均匀，无开裂、脱皮。

施工要点：

（1）从浆砌石护坡应砌筑在稳固的地基上，基础埋深应满足设计要求。

（2）护坡砌筑施工前，先对边坡进行修整，清刷坡面杂质、浮土，填补坑凹，夯拍，使坡面密实、平整、稳定。底部浮土应清除，石料上的泥垢应清洗干净，砌筑时保持表面湿润。采用挂线法将边坡坡面按设计坡度刷平，坑洼不平部分填补夯实，合格后进行下道工序施工。护脚基坑开挖前用石灰洒出开挖边界，采用小型挖机配合人工进行开挖。基底设计高程以上 100mm 区域采用人工进行挖除。肋柱和护脚基坑按设计形式尺寸挂线放样，开挖沟槽。保证基坑开挖尺寸符合设计及相关规范要求。

（3）采用坐浆法分层砌筑，铺浆厚度宜为 30～50mm，用砂浆填满砌缝，不得无浆直接贴靠，砌缝内砂浆应采用扁铁插捣密实。

（4）砌体外露面上的砌缝应预留约 40mm 深的空隙，以备勾缝处理。

（5）勾缝前应清缝，用水冲净并保持槽内湿润，砂浆应分次向缝内填塞密实。勾缝砂浆标号应高于砌体砂浆，应按实有砌缝勾平缝。砌筑完毕后应保持砌体表面湿润做好养护。

浆砌石护坡如图 C.32 所示。

图 C.32 浆砌石护坡

2.4.2 生态袋绿化边坡

适用阶段：基础工程。

适用范围：山丘区线路开挖边坡和回填边坡的防护。

工艺标准：

（1）工程布置合理，符合设计或规范要求。

（2）工程结构稳定，堆放坡度较大时，有符合设计要求的钢索、加筋格栅或框格梁固定，生态袋材料符合设计要求，生态袋间缝隙用土填严。

（3）生态袋扎口带绑扎可靠，袋间连接扣连接牢固。

（4）袋内装种植土、草籽、有机肥拌和均匀，其种类和掺入量符合设计要求。

（5）封装和铺设符合设计要求。

（6）植生袋厚度不小于设计厚度的 10%。

（7）边坡坡比不陡于设计坡比。

（8）密实度不小于设计值。

（9）植被成活率不小于设计植被成活率。

施工要点：

（1）分析立地条件，根据坡体的稳定程度、坡度、坡长来确定码放方式和码放高度。

（2）对坡脚基础层进行适度清理，保证基础层码放平稳。

（3）根据施工现场土壤状况，在植生袋内混入适量弃渣，实现综合利用。

（4）从坡脚开始沿坡面紧密排列生态袋堆砌，铺设厚度一般按 200～400mm。植生袋有草籽面需在外面。码放中要做到错茬码放，且坡度越大，上下层植生袋叠压部分越大。

（5）生态袋之间以及植生袋与坡面之间采用种植土填实，防止变形、滑塌。

（6）生态袋袋内填充物不宜过满，一般装至植生袋容量的 70%～80%为宜。施工中注意对生态袋的保管，尤其注意防潮保护，以保证种子的活性。

（7）生态袋连接扣应形成稳定的内加固紧锁结构，以增加生态袋与生态袋之间的剪切力，加强生态袋系统整体抗拉强度。

（8）施工后立即喷水，保持坡面湿润直至种子发芽。

生态袋绿化边坡如图 C.33 所示。

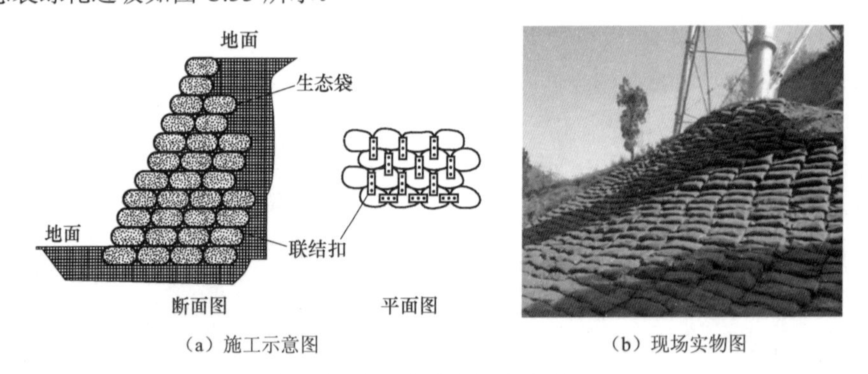

（a）施工示意图　　（b）现场实物图

图 C.33　生态袋绿化边坡

2.5　截排水措施

目的：截水沟在坡面上修筑，为了拦截、疏导坡面径流；排水沟（管）为了排除坡面、天然沟道或地面的径流。

主要措施包括浆砌石截排水沟、混凝土截排水沟、生态截排水沟。

2.5.1 浆砌石截排水沟

适用阶段：基础工程。

适用范围：山丘区线路坡面来水的拦截、疏导和场内汇水的排除。

工艺标准：

（1）基础开挖定位、定线符合设计要求。

（2）基础开挖工程量应符合设计要求。

（3）砌体砌筑工程量应符合设计要求。

（4）砌石砌筑石料规格、砂浆强度符合设计要求，铺浆均匀、灌浆饱满、石块紧靠密实。

（5）沟渠坡降符合设计要求。

（6）砌体抹面均匀无裂隙。

（7）散水面符合设计和实际要求，避免冲刷边坡。

（8）基面处理方法、基础断面应符合设计要求。

（9）砌体断面尺寸应符合设计要求。

施工要点：

（1）排水沟一般采用人工开挖，排洪沟可采用机械开挖。开挖时将表土剥离集中堆存或装袋堆存，将余土运至集中堆存处按照土地整治要求处理。沟槽开挖至设计尺寸，不能扰动沟底及坡面土层，不允许超挖。开挖结束后清理沟底残土。开挖沟底顺直，平纵面形态圆顺连接，沟底顺坡平整。

（2）截排水沟采用挤浆法分层砌筑，工作层应相互错开，不得贯通，砌筑中的三角缝不得大于 20mm。在砂浆凝固前将外露缝勾好，勾缝深度不小于 20mm，若不能及时勾缝，则将砌缝砂浆刮深 20mm 为以后勾缝做准备。所有缝隙均应填满砂浆。

（3）沟底砂砾垫层摊铺厚度约 150～250mm，并进行平整压实。

（4）伸缩缝和沉降缝设在一起，缝宽 20mm，缝内填沥青麻丝。

（5）勾缝一律采用凹缝，勾缝采用的砂浆强度 M7.5，砌体勾缝嵌入砌缝 20mm 深，缝槽深度不足时应凿够深度后再勾缝。每砌好一段，待浆砌砂浆初凝后，用湿草帘覆盖，定时洒水养护，覆盖养护 7～14d。养护期间避免外力碰撞、振动或承重。

浆砌石截排水沟如图 C.34 所示。

图 C.34　浆砌石截排水沟

2.5.2 混凝土截排水沟

适用阶段：基础工程。

适用范围：山丘区线路坡面来水的拦截、疏导和场内汇水的排除。

工艺标准：

（1）基础开挖定位、定线符合设计要求。

（2）基础开挖工程量应符合设计要求。

（3）砌体砌筑工程量应符合设计要求。

（4）砌石砌筑石料规格、砂浆强度符合设计要求，铺浆均匀、灌浆饱满、石块紧靠密实。

（5）沟渠坡降符合设计要求。

（6）砌体抹面均匀无裂隙。

（7）散水面符合设计和实际要求，避免冲刷边坡。

（8）基面处理方法、基础断面应符合设计要求。

（9）砌体断面尺寸应符合设计要求。

施工要点：

（1）沟槽开挖完成后，先行进行垫层混凝土浇筑。

（2）混凝土浇筑前进行支模，一般采用木模板，模板尺寸满足设计要求。混凝土浇筑达到一定强度后方可拆模，模板拆除后应及时清理表面残留物，进行清洗。

（3）混凝土捣固密实，不出现蜂窝、麻面，同时注意设置伸缩缝，伸缩缝可采用沥青木板。

（4）垫层及底板混凝土浇筑后立即铺设塑料薄膜对混凝土进行养护，沟壁混凝土拆模后应根据现场实际情况薄膜或浇水进行养护。

图 C.35　混凝土截排水沟

混凝土截排水沟如图 C.35 所示。

2.5.3　生态截排水沟

适用阶段：基础工程。

适用范围：山丘区线路坡面来水的拦截、疏导和场内汇水的排除。

工艺标准：

（1）沟渠的布局走向符合设计要求。

（2）沟渠的结构型式符合设计要求。

（3）沟渠表面平整，无明显凹陷和侵蚀沟，有按设计布设的生态防护工程。

（4）底宽度、深度允许偏差±5%；土沟渠边坡系数允许偏差±5%。

（5）沟渠填方段渠身土壤密实度不小于设计参数，断面尺寸不小于设计参数的±5%。

（6）沟渠表面平整度不大于 100mm。

施工要点：

（1）水沟底部防渗：用混凝土、砂浆、碎石等材料对水沟底部进行防水加固，厚度 20～50mm，碎石可铺在三维网之上。是否需要加固水沟底部，视工程实际情况（地质、土壤、纵坡等）而定。

（2）铺装三维网：沿水流方向向下平贴铺装，不得有皱纹和波纹，水沟顶端预留 200mm 用于三维网的固定，三维网底部也需固定。

（3）植生袋的铺装：按照设计尺寸分层码放植生袋，植生袋与坡面及植生袋层与层之间用锚杆固定。

（4）生态砖的铺装：码放时植草的一端向外，层与层之间用水泥砂浆黏结。在平地培育植物，待植物长到一定高度后码放生态砖效果更佳。

生态截排水沟如图 C.36 所示。

2.6　土地整治措施

目的：对因工程开挖、填筑、取料、弃渣、施工等活动破坏的土地，以及工程永久征地内的裸露土地，在植被建设、复耕之前应进行平整、改造和修复，使之达到可利用状态。

主要措施包括全面整地、局部整地。

2.6.1　全面整地

适用阶段：施工全过程。

适用范围：塔基施工扰动区、牵张场施工扰动区等平地的耕地复耕，林草地复垦等。

工艺标准：

图 C.36　生态截排水沟

（1）满足《生产建设项目水土保持技术标准》（GB 50433—2018）和《土地利用现状分类》（GB/T 21010—2017）的要求。

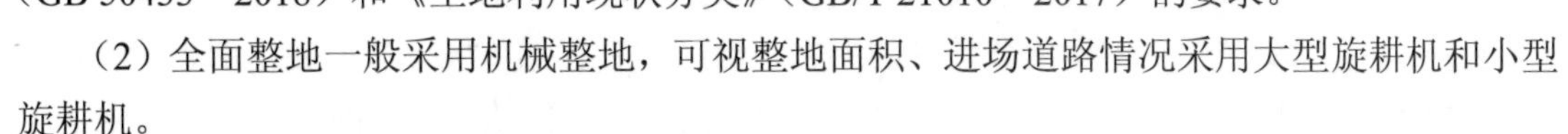

（2）全面整地一般采用机械整地，可视整地面积、进场道路情况采用大型旋耕机和小型旋耕机。

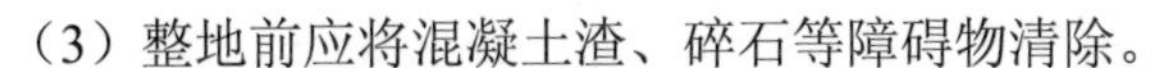

（3）整地前应将混凝土渣、碎石等障碍物清除。

（4）整地后的地形应与耕地、水田、梯田、林草地等原地类一致。

施工要点：

（1）塔基、牵张场、施工道路等原地类为耕地时，可采用旋耕机将板结的原状土翻松，来回翻松不少于 2 次，按农作物种类选取合适翻耕深度，一般为 500mm 左右。翻松结束，使用平地机整平。自然晾晒结块的土壤松散后按照旱地、水田等不同需求起垄或造畦。

（2）采用全面整地的塔基区、施工临时道路区，可采用旋耕机方式将表层土壤翻松，翻耕深度一般为 300mm 左右。翻耕后自然晾晒，按照草坪、草地、林地等不同需求进行造林（种草）整地。

（3）表层种植土被剥离的区域，应先将种植土摊铺，摊铺厚度应与剥离厚度相等，一般为 300～600mm。摊铺厚度超过 300mm 时，可分两层摊铺。摊铺后用旋耕机将种植土翻耕拌和。然后用平地机整平，整平后的地面应高于原始地面 100mm 左右。

全面整地如图 C.37 所示。

（a）牵张场机械平整

（b）输电线路塔基耕地恢复

图 C.37　全面整地

2.6.2 局部整地

适用阶段：基础工程。

适用范围：带状整地适用于塔基施工扰动区、永久占地余土及表土回覆区等坡度不大于15°的坡面和阶梯式平台面。块状（或穴状）整地适用于塔基施工扰动区、材料堆放扰动区等坡度大于15°的坡面。

工艺标准：

（1）满足《生产建设项目水土保持技术标准》（GB 50433—2018）和《土地利用现状分类》（GB/T 21010—2017）的要求。

（2）局部整地一般采用小型机械整地和人工整地，可视整地面积、进场道路情况采用合适小型旋耕机。

（3）塔基扰动区、施工道路扰动区的局部整地应结合自然坡度，采取合适的带状整地。

（4）塔基及其附近等余土堆土区的局部整地应结合拦渣措施、表土回覆措施采取合适的带状整地方式。

（5）坡度超过15°的扰动区应采用合适的块状（或穴状）整地方式。

施工要点：

（1）扰动区带状整地。

1）小于 15°的扰动区坡面可采取竹节式带状整地方式。沿坡面等高线设置不恳带，不恳带间距2～4m、宽度约0.5m。复垦区使用小型旋耕机翻松土壤，翻耕深度100～300mm，不垦带培土后高出地面200mm左右，形成竹节式地形，保证蓄水和阻止径流效果。

2）原始地形为梯田的扰动区可采取阶梯式带状整地方式。反坡梯田的平台面应在平台面上成倒坡，坡度 1°～2°，平台面可使用小型旋耕机翻松土壤；坡式梯田可在平台坡面翻耕后沿等高线起长条垄。应查看梯田台阶的稳固性，必要时可采用植生袋制作生态挡墙稳固台阶。

（2）堆土区带状整地。

1）坡度小于5°的塔基可将余土直接摊平在塔基永久占地范围内，上层覆盖100mm厚种植土满足撒播种草需求。种植土数量较少时，可在摊平的余土上垂直水径流方向开条形沟槽，将种植土回填到沟槽中满足条播条件。开槽宽度80～120mm、深度60～120mm、行距200～400mm左右。

2）坡度 5°～10°的塔基可将余土直接摊平在塔基永久占地范围内，在下坡脚用植生袋制作生态挡墙挡土。生态挡墙厚度0.2～0.8m，高度1.32m。挡墙基底需铲平，底袋子横纵布置增加稳固性，厚度下大上小，挡土侧垂直。余土回铺堆存于挡墙上坡侧，余土距墙顶200～300mm、上层覆盖 100mm 厚种植土，种植土距墙顶 50mm。种植土数量较少时，可将余土回铺堆存距墙顶50mm，在摊平的余土上垂直水径流方向开条形沟槽，将种植土回填到沟槽中满足条播条件。平台面上应成倒坡，坡度1°～2°。

3）坡度10°～15°的塔基可将余土直接摊平在塔基永久占地范围内，在下坡脚用浆砌石制作挡墙，堆存余土、回覆表土、整地后恢复植被。

4）坡度15°～25°的塔基不宜将余土在塔基内就地存放。应在塔基外合适坡面先修筑浆砌石挡墙，再将余土在挡墙内堆存，回覆表土、整地后恢复植被。

5）坡度大于 25° 的塔基须将余土外运至山下综合利用。

（3）扰动区块状整地。

1）坡度小于 15° 的扰动区可采取条状整地，沿着等高线开槽，形成水平阶梯。开槽宽度 80～120mm、深度 60～120mm、行距 200～400mm 左右。表层腐殖土收集装袋或铺垫堆存，生土置于沟槽下坡边沿，拍实形成土埂；表土回填于槽内作为植物生长基质。

2）鱼鳞坑整地。15° ～45° 的坡地可采取鱼鳞坑整地，一般与造林整地同时进行。沿坡地等高线定点挖穴，穴间距 2～4m，穴半径 0.5～1m 左右，深度 300～500mm 左右。表层腐殖土收集装袋或铺垫堆存，生土置于穴下坡边沿，拍实形成半月形土埂；表土回填于槽内作为植物生长基质，回填土的上坡坑内留出蓄水沟。

3）穴状整地。一般结合造林整地同时进行穴状整地时，根据乔木、灌木等树种不同挖穴深度 300～500mm 左右，直径 0.5～1m 左右，乔木株距 2～4m，灌木株距 0.5～1m。挖树坑四周要垂直向下，直到预定深度，不要挖成上面大、下面小的锅底形。平地种草采取穴状整地时，根据混播草种配置情况挖穴深度可在 200～300mm 左右，株距 0.3～0.5m。表层腐殖土收集装袋或铺垫堆存，生土置于穴边沿，拍实形成圆形土埂；表土回填于槽内作为植物生长基质，回填土低于天然地面。

穴状整地如图 C.38 所示。

图 C.38　穴状整地

2.7　防风固沙措施

目的：对容易引起土地沙化、荒漠化的扰动区域进行防风固沙、涵养水分。

主要措施包括工程固沙和植物固沙。

2.7.1　工程固沙

适用阶段：架线工程后期。

适用范围：后扰动地表沙地治理。

工艺标准：

（1）满足《水土保持工程设计规范》（GB 51018—2014）的要求。

（2）应该形成 1.0m×1.0m 的网格。

（3）整体效果应该达到设计要求。

施工要点：

（1）草方格沙障。

1）放线开槽。依据设计规格进行放线。采用人工或机械方式开槽，槽深 100mm 左右。开槽时，沿沙丘等高线放线设置纬线，沿垂直等高线方向设置经线。施工时，先对经线进行施工，再对纬线进行施工。

2）材料铺放：将稻草或麦秸秆垂直平铺在样线上，组成完整闭合的方格，铺设麦草厚度为 20～30mm。

3）草方格布设：按照要求铺设好稻草（麦草）后，用方形扁铲放在稻草（麦草）中央并用力下压，使稻草（麦草）两端翘起，中间部位压入沟槽中。稻草（麦草）中间部位入沙深度约 100mm，同时稻草（麦草）两端翘起部分高出地面约 500mm。用沟槽两边的沙土稻草（麦草）埋住、踩实。由此完成局部草方格沙障铺设任务，依次类推，完成整个沙障施工铺设任务。

4）围栏防护。草方格沙障施工完毕，应用铁丝网围栏防护，防止稻草（麦草）被牛羊啃食破坏。

图 C.39　草方格沙障

5）草方格沙障多在草、沙结合点积累土壤，风吹草籽可成活自然恢复植被，一般不需人工种植草籽。

草方格沙障如图 C.39 所示。

（2）柴草（柳条）沙障。

1）平铺式柴草（柳条）沙障施工。

依据设计规格进行放线。带状平铺式沙障的走向垂直于主风带宽 0.6～1.0m，带间距 4～5m。将覆盖材料铺在沙丘上，厚 30～50mm。上面需用枝条横压，用小木桩固定，或在铺设材料中线上铺压湿沙，铺设材料的梢端要迎风向布置。

2）直立式柴草（柳条）沙障施工。

a．高立式：在设计好的沙障条带位上，人工挖沟深 200～300mm，将柳条（杨条）切割每根 700mm 左右长，按放线位置插入沙中，插入深度约 200mm，扶正踩实，填沙 200mm，沙障材料露出地面 0.5～1.0m。

b．低立式：将低立式沙障材料按设计长度顺设计沙障条带线均匀放置线上，埋设材料的方向与带线正交，将柳条（杨条）切割每根 400mm 左右长，按放线位置插入沙中，插入深度约 200mm，露出地面约 200mm，基部培沙压实。

沙障建成后，要加强巡护，防止人畜破坏。机械沙障损坏时，应及时修复；当破损面积比例达到 60%时，需重新设置沙障。重设时应充分利用原有沙障的残留效应，沙障规格可适当加大。柴草沙障应注意防火，柳条沙障应注意适时浇水。

沙障如图 C.40 所示。

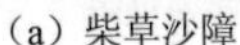

(a) 柴草沙障

(b) 柳条沙障

图 C.40　沙障

(3) 石方格沙障。

1) 放线。依据设计规格进行放线。

2) 带状方格平铺式沙障施工。带的走向垂直于主风带宽 0.6～1.0m，带间距 4～5m。将碎石铺在沙丘上，厚 30～50mm。覆盖材料主要为碎石、卵石等。

3) 全面平铺式沙障施工。适用于小而孤立的沙丘和受流沙埋压或威胁的塔基四周。将碎石在沙丘上紧密平铺，其余要求与带状平铺式相同。

4) 采用石方格沙障时，周边多为无植被地带，一般不采用植物固沙。

石方格沙障如图 C.41 所示。

2.7.2　植物固沙

适用阶段：架线工程后期。

适用范围：后扰动地表沙地治理。

工艺标准：

(1) 植物固沙一般结合工程固沙措施，利用植物根系固定地面砂砾，利用植物枝干阻挡风蚀，减缓和制止沙丘流动。主要采用种草固沙和植树固沙。

图 C.41　石方格沙障

(2) 需采用植物长期固沙措施时，一般选用本地耐旱草种、树种，在草方格、柴方格沙障配合下种植。

(3) 应选在雨季或雨季前进行种植，适当采取换土、浇水抚育措施。

施工要点：

(1) 种草固沙施工工艺应符合下列规定：

1) 草方格施工时，在纬线背风面草和槽留出间隙，将剥离或外运腐殖土、外运腐殖土填入槽内，作为种草植生基质。

2) 选用芨芨草、沙打旺、草木樨等耐旱草籽形成混播配方，采取条播方式播种，覆盖腐殖土后再覆盖沙土。

3) 利用自然降水抚育或浇水抚育。

(2) 种树固沙施工工艺应符合下列规定：

1）低洼地带或地下水较丰富的沙地，选用耐寒、易活的红柳制作柴方格沙障。

2）将红柳根部插入沙地，适当抚育保证成活率。

3）其他不能成活的柴方格内，可挖穴换腐殖土，采取穴播方式种植樟子松、沙棘等耐旱树种。

图 C.42　种草固沙

种草固沙如图 C.42 所示。

2.8　植被恢复措施

目的：通过林草植被对地面的覆盖保护作用、对降雨的再分配作用、对土壤的改良作用以及植被根系对土壤的强大固结作用来防治水土流失。

主要措施包括造林（种草）整地、造林、种草。

2.8.1　造林（种草）整地

适用阶段：架线工程后期。

适用范围：后扰动地表植被恢复前的整地。

工艺标准：

（1）造林（种草）整地的方式应结合地貌、地形确定，应做到保墒、减小雨水冲刷和土壤流失、利于植被成活。

（2）造林（种草）的整地方式包括全面整地和局部整地等方式。

局部整地包括阶梯式整地、条状整地、穴状整地、鱼鳞坑整地等。条状整地、穴状整地可用于条播、穴播种草，开槽、挖穴后填入表土，播撒草籽后覆盖表土压实。穴状整地、鱼鳞坑整地可用于造林，挖穴后填入表土，植入树木、灌木。阶梯式整地，一般用于撒播种草，翻松、耙平表土后撒播草籽，再覆盖表土后略微压实，也可在整地基础上，挖穴进行造林。

（3）原地类为耕地的，整地方式一般为全面整地，对表层土壤采取翻耕达到农作物生长条件；原地类为草地的，整地方式一般为全面整地或局部整地，坡地的局部整地可条状整地和穴状整地；原地类为林地的，整地方式一般为局部整体，可采取穴状整地。

施工要点：

（1）全面整地施工工艺应符合下列规定：

1）塔基、牵张场等处于耕地时，可采用机械翻耕全面整地。翻耕深度一般为 200～250mm，按农作物种类选取合适深度。

2）采用全面整地的塔基区、施工临时道路区，可采用机械方式将表层土壤翻松，翻耕深度 100～200mm。

3）采用带状整地的坡地塔基，可采用人工方式整地，用钉耙将表层土壤翻松，翻耕深度 50～100mm。翻松及耙平表土后撒播草籽，再覆盖表土后略微压实。

（2）局部整地施工工艺应符合下列规定：

1）穴状整地。适用于低山丘陵区、丘陵浅山区。根据乔木、灌木等树种不同挖穴深度 300～500mm，直径 0.5～1m，乔木株距 2～4m，灌木株距 0.5～1m，沿等高线，上下坑穴呈品字形排列。挖树坑四周要垂直向下，直到预定深度，不要挖成上面大、下面小的锅底形。表层腐殖土收集装袋或铺垫堆存于上坡位，生土置于下坡边沿，拍实形成圆形土埂；表土回填于槽内作为植物生长基质，回填土低于天然地面。

2）鱼鳞坑整地。15°～45°的坡地可采取鱼鳞坑整地，适用于石质山地、黄土丘陵沟壑区坡面。沿坡地等高线定点挖穴，穴间距 2～4m，穴长径 0.8～1.2m，短径 0.5～1m，深度 300～500mm。鱼鳞坑土埂高 150～200mm，表层腐殖土收集装袋或铺垫堆存于上坡位，生土置于穴下坡边沿，拍实形成半月形土埂；表土回填于槽内作为植物生长基质，回填土的上坡坑内留出蓄水沟。

3）水平沟整地。沿等高线带状挖掘灌木种植沟。适用于土石山区、黄土丘陵沟壑区坡度小于 30°边坡坡面。沟呈连续短带状（沟间每隔一定距离筑有横埂），或间隔带状。断面一般呈梯形，上口宽 0.5～1m，沟底宽约 0.3m，沟深 0.3～0.5m，沟长 2～6m，两沟距 2～2.5m，沟外侧用心土筑埂，表土回填于槽内作为植物生长基质。

4）阶梯式整地。通常结合山丘区塔基的高低腿高差进行整地，沿等高线里切外垫，做成阶面水平或稍向内倾斜的反坡，阶宽通常为 1.0～1.5m，阶长视地形而定，阶外缘培修 20cm 高的土埂，上下阶面高差 1～2m，坡度小于 35°。

5）条状整地。5°～15°的坡地可采取条状整地，沿坡地等高线画线开槽，开槽宽度 80～120mm、深度 60～120mm、行距 200～400mm。表层腐殖土收集装袋或铺垫堆存，生土置于沟槽下坡边沿，拍实形成土埂；表土回填于槽内作为植物生长基质。

鱼鳞坑造林（种草）整地如图 C.43 所示。

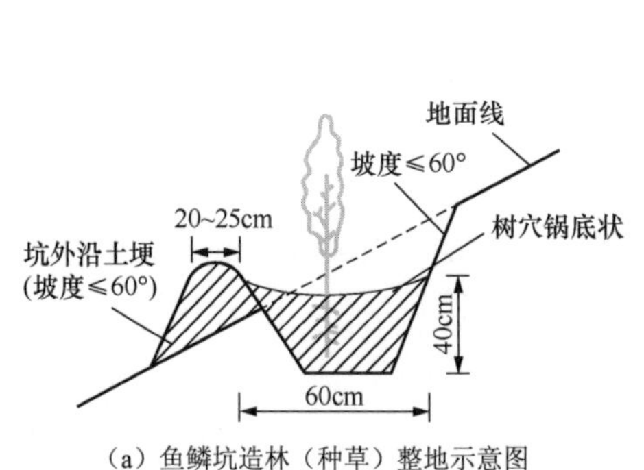

（a）鱼鳞坑造林（种草）整地示意图

（b）鱼鳞坑整地实物图

图 C.43　鱼鳞坑造林（种草）整地

2.8.2　造林

适用阶段：架线工程后期。

适用范围：后扰动地表植被恢复。

工艺标准：

（1）满足《造林技术规程》（GB/T 15776—2023）的要求。

（2）树种应选择当地耐旱、易成活树种，苗木规格可选用幼苗，质量等级二级以上（苗木等级划分中根据苗木地径和苗高等几个质量标准将苗木分为三级，一、二级苗为合格苗，可出圃造林），宜在当地苗圃购买，并要有“一签、三证”，并根系完好，树种及密度符合设计要求，苗木应栽正踩实。

（3）苗木采购、运输、栽植中要做到起苗不伤根、运苗不漏根（防止风吹日晒）、清水催根（栽前放在清水中浸泡 2～3d）、栽苗不窝根，分层填土踩实，要求幼苗成活率达到 85% 以上。

（4）年均降水量大于 400mm 地区或灌溉造林，造林成活率不应小于 85%；年均降水量小于 400mm 地区，造林成活率不应小于 70%。

（5）郁闭度要达到设计要求。

施工要点：

（1）原地貌为林地的宜种植灌木造林。降水量大于 400mm 的区域，可种植乔木；降水量为 250～400mm 的区域，应以灌木为主；降水量在 250mm 以下的区域，应以封禁为主并辅以人工抚育。

（2）树种应选择当地耐旱、易成活树种，郁闭度要达到设计要求。苗木规格可选用幼苗，质量等级二级以上（苗木等级划分中根据苗木地径和苗高等几个质量标准将苗木分为三级，一、二级苗为合格苗，可出圃造林），宜在当地苗圃购买，并要有“一签、三证”并根系完好，树种及密度符合设计要求，苗木应栽正踩实。

（3）苗木采购、运输、栽植中要做到起苗不伤根、运苗不漏根（防止风吹日晒）、清水催根（栽前放在清水中浸泡 2～3d）、栽苗不窝根。分层填土踩实，要求幼苗成活率达到 85% 以上。

（4）通常选择春季造林，适宜我国大部分地区。春季造林应根据树种的物候期和土壤解冻情况适时安排造林，一般在树木发芽前 7～10d 完成。南方造林，土壤墒情好时应尽早进行；北方造林，土壤解冻到栽植深度时抓紧造林。

（5）种植乔木、灌木施工工艺应符合下列规定：

1）无土球树木种植。可采用“三埋两踩一提苗”种植方法：先往树坑里埋添一些细碎壤土（一埋），放入树苗，再埋添一些土壤（二埋），土量要没过树根，然后上提一下苗木（一提苗），使树根舒展开来，保持树的原深度线和地面相平，踩实土壤（一踩），再埋入土壤至和地面相平（三埋），踩实（二踩）。

2）带土球树木种植。先埋添少量细碎壤土，放入土球，土球上部略低于地面即可，然后埋土，边埋边捣实土球四周缝隙，注意不要弄碎土球。

3）制作围堰。树栽好以后，在贴近树坑四周修一条高 200～400mm 的围堰，边培土边拍实。

4）立支架。种植大树或常绿树，要设立支架，防止新栽树倒伏。较小的树一根木棍即可，大树要三根木根 120° 角支撑。木棍下方要埋入土中固定。

5）浇水。围堰修好后即可浇水，往围堰中先加入水，待水渗下后，对歪斜树扶正填实，二次把水加满围堰即可。降水量在 250mm 以下区域，应在围堰范围采取覆盖塑料薄膜减少蒸发、定期浇水等人工抚育措施。

种植乔木、灌木如图 C.44 所示。

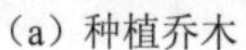

（a）种植乔木

（b）种植灌木植被恢复效果

图 C.44　种植乔木、灌木

2.8.3　种草

适用阶段：架线工程后期。

适用范围：后扰动地表植被恢复。

工艺标准：

（1）草籽宜选用当地草种，应采取 2～3 种多年生草种混播。小于 250mm 降水量区域，应采取多种草籽的混播配方保证群落配置和覆盖度。

（2）草籽质量等级标准应为一级，播种密度应符合设计要求。

（3）平地可采取撒播种草，坡地可采取条播种草和穴播种草。播种深度和覆土厚度应适宜，播后需镇压。

（4）高原草甸可将剥离的草皮回铺，可采用草皮回铺恢复植被。

（5）覆盖度要达到设计要求。

施工要点：

（1）适用于平地或坡度小于 15° 的缓坡。

（2）对施工场地翻耕松土、进行平整和坡面整修。

（3）人工种子提前浸泡 8h 以上，播撒草种，覆盖熟土、耙平后适当拍压。

（4）铺设无纺布保持水分（雨季无需覆盖）。

（5）采用人工浇水，开展苗期养护。

（6）旱季节播种时，土面需要提前浇水再撒播，采用喷灌抚育或滴灌抚育方式。

（7）播种草籽施工工艺应符合下列规定：

1）撒播种草。将混播草种拌和均匀，大范围手工或机械施撒草种于耙松的腐殖土内，施撒量要满足设计要求；耙平土壤保证草种覆土约 10mm，用竹笤帚适当拍压。

2）条播种草。将混播草种拌和均匀，手工施撒草种于沟槽内耙松的腐殖土（或植生基质）内，施撒量要满足设计要求；覆盖土壤保证草种覆土约 10mm，适当踩压。

3）穴播种草。将混播草种拌和均匀，手工施撒草种于穴内耙松的腐殖土（或植生基质）内，施撒量要满足设计要求；覆盖土壤保证草种覆土约 10mm，适当镇压。

4）保墒措施。蒸发量较大区域，可铺设无纺布、椰丝毯或生态毯对播种区覆盖，紧贴坡面及种植沟形成集水凹区，用石块压实保墒。

5）浇水抚育。播种后浇水抚育一次，之后可利用自然降水抚育。未到降水期时，可灌溉 2～3 次，以满足草籽初期生长需要，灌溉时间不宜超过 5d。干旱季节播种时，土面需要提前浇水，再撒播，可采用喷灌方式。

6）如果成活率较低要及时补植。

种草如图 C.45 所示。

（a）机械翻耕松土

（b）人工播撒草籽

（c）条播无纺布保墒

（d）混播草种恢复效果

图 C.45　种草

附录D

环保水保工艺标准（变电）

依据环保水保设计图纸、标准规范及项目管理实施规划，项目总工组织编制环保水保专项施工方案，施工单位安全、质量、技术等职能部门审核，施工单位技术负责人批准，报监理项目部审批。施工项目部应依据审批通过的专项施工方案逐项开展环保水保施工作业，其中变电工程包括大气环境、水环境、声环境、固体废物、电磁环境、生态环境6类环境要素，涉及相关措施（设施）30项；表土保护、临时防护、边坡防护、截排水、土地整治、防风固沙、降水蓄渗、植被恢复8类水土保持单位工程，涉及相关措施（设施）24项。

1. 环境保护措施落实

变电工程环境保护措施按环境要素主要分为大气环境保护措施、水环境保护措施、声环境保护措施、固废防治措施、电磁控制措施和生态环境保护措施。

资料成果：《环保水保专项施工方案》

1.1 大气环境保护措施

目的：降低在设备材料运输、施工土方开挖、堆土堆料作业等过程中产生的施工扬尘，满足《大气污染物综合排放标准》（GB 16297—1996）或者地方排放标准限值的要求。

主要采取措施为洒水抑尘、雾炮机抑尘、密目网苫盖抑尘、施工车辆清洗、全封闭车辆运输。

1.1.1 洒水抑尘

适用阶段：施工全过程。

适用范围：施工道路和施工场地的各起尘作业点的扬尘污染防治。

工艺标准：

（1）施工现场应建立洒水抑尘制度，配备洒水车或其他洒水设备。

（2）每天宜分时段喷洒抑尘三次。

（3）每次抑尘洒水量通常按1～2L/m^{2}考虑。

施工要点：

（1）洒水抑尘应根据天气、扬尘及施工运输情况适当增加或减少喷洒次数。

（2）遇有4级以上大风或雾霾等重污染天气预警时，宜增加喷洒次数。

洒水抑尘如图D.1所示。

图 D.1　洒水车洒水抑尘、场站其他洒水设备

1.1.2　雾炮机抑尘

适用阶段：施工全过程。

适用范围：材料装卸、土方开挖及回填阶段等固定点式作业过程的扬尘污染防治。

工艺标准

（1）应选择风力强劲、射程高（远）、穿透性好的雾炮机，可以实现精量喷雾，雾粒细小，能快速抑尘，工作效率高。

（2）根据施工场地需抑尘的范围选择雾炮机的射程和数量。

（3）雾炮机可根据粉尘大小选择是单路或者双路喷水，起到节水功能。

施工要点：

（1）启动前，首先确认工具及其防护装置完好，螺栓紧固正常，无松脱，工具部分无裂纹、气路密封良好，气管应无老化、腐蚀，压力源处安全装置完好，风管连接处牢固。

（2）启动时，首先试运转。开动后应平稳无剧烈振动，工作状态正常，检查无误后再行工作。

（3）雾炮机维修后的试运转，应在有防护封闭区域内进行，并只允许短时间（小于 1min）高速试运转，任何时候切勿长时间高速空转。

图 D.2　雾炮机抑尘

雾炮机抑尘如图 D.2 所示。

1.1.3　密目网苫盖抑尘

适用阶段：施工全过程。

适用范围：堆土、堆料场等起尘物质堆放点及裸露地表区域的扬尘污染防治。

工艺标准：

（1）遮盖应根据当时起尘物质进行全覆盖，不留死角；密目网的目数不宜低于 2000 目。

（2）密目网应拼接严密、覆盖完整，采用搭接方式，长边搭接宜不少于 500mm，短边搭接宜不少于 100mm。

（3）坚持“先防护后施工”原则，及时控制施工过程中的扬尘污染和水土流失；苫盖应密闭，减少扬尘及水土流失可能性。

施工要点：

（1）密目网应成片铺设，为保证效果以及延长寿命，应尽量减少接缝，无法避免的接缝采用手工缝制。

（2）密目网应采用可靠固定方式进行固定，压实压牢，能够在一定时间段内起到良好的防风抑尘效果。

（3）密目网管理要明确专人负责，废弃、破损的密目网要及时回收入库，严禁现场填埋、现场焚烧和随意丢弃，避免造成二次污染。

密目网苫盖抑尘如图 D.3 所示。

图 D.3　密目网苫盖抑尘

1.1.4　施工车辆清洗

适用阶段：施工全过程。

适用范围：施工材料和设备车辆的扬尘污染防治。

工艺标准：

（1）施工现场出入口处设置施工车辆清洗设施，出场时将车辆轮胎及底盘清理干净，不得将泥沙带出现场。

（2）在洗车槽附近设置高压水枪，对已经在洗车槽清洗后的车辆进行第二道清洗，重点对车轮胎缝隙处的泥土残留物进行清洗。

施工要点：

（1）车辆清洗设施处设置排水沟、沉淀池、集水井等，防止废水溢出施工场地。

（2）沉淀池应定期清掏。

施工车辆清洗如图 D.4 所示。

（a）自动清洗

（b）人工清洗

图 D.4　施工车辆清洗

1.1.5　全封闭运输车辆

适用阶段：施工全过程。

适用范围：建筑垃圾、砂石、渣土运输过程的扬尘污染防治。

工艺标准：运输车应加装帆布顶棚平滑式装置，全覆盖后与货箱栏板高度持平，车厢尾部栏板加装反光放大号牌。

施工要点：

（1）建筑垃圾、砂石、渣土运输车辆上路行驶应严密封闭，不得出现撒漏现象。

（2）未加装帆布顶棚的运输车辆不予装载，严禁超限装载。

（3）按当地规定运输时段进行运输，确需夜间运输需按当地要求办理相关手续。

（4）运输车辆上路前需进行清洗除尘。

全封闭运输车辆如图 D.5 所示。

图 D.5　全封闭运输车辆

1.2　水环境保护措施

目的：采取措施尽可能回收施工机械清洗、场地冲洗、建材清洗和混凝土养护过程产生的废水，基础开挖、灌注桩施工等过程中形成的泥浆水施工人员产生一定量的生活污水，满足《污水综合排放标准》（GB 8978—1966）或者地方排放标准等相应标准限值要求。

主要措施包括泥浆沉淀池、临时水冲式厕所、临时化粪池、隔油池、生活污水处理装置、事故油池。

1.2.1　泥浆沉淀池

适用阶段：基础施工阶段。

适用范围：变电（换流）站场地冲洗、建材冲洗、混凝土养护或灌注桩基础施工、钻头冷却产生的泥浆废水的处理处置。

工艺标准：

（1）灌注桩基础施工应设泥浆槽、沉淀池。

（2）泥浆池采用挖掘机开挖，四周按要求放坡。开挖应自上而下，逐层进行，严禁先挖坡脚或逆坡开挖。

（3）泥浆池、沉淀池开挖后，须进行平整、夯实；为防池壁坍塌，池顶面需密实。

（4）泥浆池四周及底部应采取防渗措施。

（5）应符合《水利水电工程沉沙池设计规范》（SL/T 269—2019）的要求。

施工要点：

（1）施工中，及时清理沉淀池；清理出来的沉渣集中外运至指定的渣土处理中心处理。

（2）废泥浆用罐车送到指定的处理中心进行处理。

（3）施工完毕后，应及时清除泥浆池内泥浆及沉渣，及时回填、压实、整平，恢复植被或原有土地功能。

泥浆池如图 D.6 所示。

图 D.6　开挖式泥浆池

1.2.2　临时水冲式厕所

适用阶段：施工全过程。

适用范围：变电（换流）站和输电线路工程施工期施工人员生活污水的处理处置。

工艺标准：

（1）施工生活区应设置临时水冲式厕所，每 25 人设置一个坑位，超过 100 人时，每增加 50 人设置一个坑位，男厕设 10 个坑位，女厕设 1 个坑位。

（2）施工生产区的水冲式移动厕所应围绕施工区均匀布置，每个移动厕所设置 2 个坑位。

施工要点：

（1）临时厕所的个数及容积应根据施工人员数量进行调整。

（2）临时厕所应保持干净、整洁。

（3）临时厕所应做好消毒杀菌工作。

临时水冲式厕所如图 D.7 所示。

图 D.7　临时厕所

1.2.3　临时化粪池

适用阶段：施工全过程。

适用范围：施工人员生活污水的处理处置。

工艺标准：

（1）临时厕所的化粪池可采用成品玻璃钢化粪池、砌筑化粪池。

（2）砌筑化粪池应进行防渗处理。

（3）化粪池进出管口的高度需要严格控制，管口进行严密的密封。

（4）砌筑化粪池应进行渗漏试验。

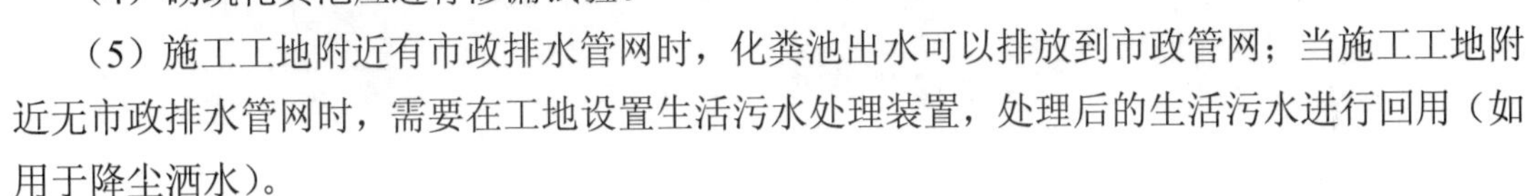

（5）施工工地附近有市政排水管网时，化粪池出水可以排放到市政管网；当施工工地附近无市政排水管网时，需要在工地设置生活污水处理装置，处理后的生活污水进行回用（如用于降尘洒水）。

施工要点：

（1）化粪池的进出口应做污水窨井，并应采取措施保证室内外管道正常连接和使用，不得泛水。

（2）化粪池顶盖面标高应高于地面标高 50mm。

（3）化粪池应定期清掏，及时转运，不得外溢。

临时化粪池如图 D.8 所示。

（a）成品玻璃钢化粪池

（b）砌筑化粪池

图 D.8　临时化粪池

1.2.4　隔油池

适用阶段：施工全过程。

适用范围：施工生活区食堂餐饮废水的处理处置。

工艺标准：

（1）厨房隔油池可采用不锈钢成套设备，应符合《餐饮废水隔油器》（CJ/T 295—2015）的规定。

（2）厨房隔油池不应设在厨房、饮食制作间及其他有卫生要求的空间内。

（3）施工废水隔油应采取防渗措施。

施工要点：

（1）与隔油池相连的管道均应防酸碱、耐高温。

（2）设备构件、管道连接处应做好密封，防止渗漏。

（3）隔油池应定期清理废油，废油交由资质单位进行处理处置。

隔油池如图 D.9 所示。

（a）油水分离器

（b）隔油装置

图 D.9　隔油池

1.2.5　生活污水处理装置（增加永久生活污水处理处置）

适用阶段：施工全过程。

适用范围：变电（换流）站施工期生活污水处理处置。

工艺标准：

（1）变电（换流）站应同步建设生活污水处理设备。

（2）生活污水处理设备前端宜设置化粪池、污水调节池，设备后端应设置污泥池和污水池，污水池后可设消毒池。前端污水调节池和后端污水池容积应满足冬季储水量要求，环境低于 0℃时，应采取防冻措施。

（3）设备入孔盖板应高出地坪 50mm 左右。

施工要点：

（1）生活污水处理装置安装完毕后，设备与基础底板应连接固定，保证不使设备流动上浮。

（2）须在设备中注入污水（无污水时，用其他水源或自来水代替），充满度应达到 70% 以上，以防设备上浮。

（3）检查好各管道有无渗漏。试水各管路口不应渗漏，同时设备不受地面水上涨，而使设备错位和倾斜。

（4）连接好风机、水泵控制线路，并注意风机、水泵的转向应正确无误。

变电（换流）站生活污水处理装置如图 D.10 所示。

图 D.10　变电（换流）站生活污水处理装置

1.2.6　事故油池

适用阶段：施工全过程。

适用范围：事故状态下变电（换流）站变压器（换流变压器）、电抗器等含油设备产生废油的处置。

工艺标准：

（1）事故油池的耐久性应符合《混凝土结构设计规范》（GB 50010—2010）的有关规定，混凝土强度不低于 C30。

（2）结构厚度不应小于 250mm；混凝土抗渗等级不应低于 P8。

（3）抗渗混凝土用的水泥宜采用普通硅酸盐水泥。

（4）质量标准应符合《变电（换流）站土建工程施工质量验收规范》（Q/GDW 1183—2012）的相关要求。

施工要点：

（1）施工技术人员应掌握事故油池防渗的技术要求。

（2）抗渗混凝土的配合比应按《普通混凝土配合比设计规程》（JGJ 55—2011）的规定通过试验确定。

（3）施工中每道工序均应进行检验，上道工序检验合格后方可进行下道工序。

（4）抗渗混凝土防渗层养护期满后，应将缩缝、胀缝、衔接缝缝槽清理干净，并进行填缝。

变电（换流）站事故油池如图 D.11 所示。

图 D.11　变电（换流）站事故油池

1.3　声环境保护措施

目的：采取措施控制施工机械产生的噪声，满足《建筑施工场界环境噪声排放标准》（GB 12523—2011）中的标准限值要求。

主要措施包括施工噪声控制、低噪声设备、隔声罩、加高围墙、声屏障、吸音墙。

1.3.1　施工噪声控制

适用范围：施工全过程。

适用范围：主要适用于施工期噪声的控制。

工艺标准：

（1）施工场地周围应尽早建立围栏等遮挡措施，尽量减少施工噪声对周围声环境的影响。

（2）运输材料的车辆进入施工现场严禁鸣笛。

（3）夜间施工需取得县级生态环境主管部门的同意。

施工要点：
（1）夜间施工时禁止使用高噪声的机械设备。
（2）在居民区禁止夜间打桩等作业。
（3）施工现场的机械设备，宜设置在远离居民区侧。
施工噪声控制措施如图 D.12 所示。

（a）彩钢板围墙隔声

（b）永临结合围墙隔声

图 D.12　施工噪声控制

1.3.2　低噪声设备

适用范围：主要适用于站内产生噪声的设备。
工艺标准：
（1）变压器、电抗器等设备订货时应提出噪声限值。
（2）设备噪声限值应符合环境影响评价（简称环评）要求。
（3）供货商应提供设备出厂报告、出厂质量检验合格证书及有资质的检测单位提供的检测报告。
施工要点：
（1）设备应安装减振垫。
（2）附件、备件、配套地脚螺栓安装可靠、稳固。
低噪声设备如图 D.13 所示。

（a）低噪声变压器

（b）低噪声电抗器

图 D.13　低噪声设备

1.3.3　隔声罩

适用范围：主变压器、换流变压器、电抗器等设备的降噪。

工艺标准：

（1）隔声罩的安装对象、位置、材料应严格执行环评报告和噪声专题报告的要求。隔声罩的降噪量应符合环评报告及批复的要求。

（2）安装完毕后，应检查连接缝是否严密。施工质量满足《钢结构工程施工质量验收标准》（GB 50205—2020）、《电力建设施工技术规范　第1部分：土建结构工程》（DL 5190.1—2022）、《电力建设施工质量验收规程》DL/T 5210（所有部分）等相关标准要求。

施工要点：

（1）钢结构、维护结构夹心彩钢板、吸声板运输及装卸车过程中，要采取措施防止构件变形和油漆及镀锌表面受损。

（2）应针对吸声板内吸声棉填充物和维护夹心板内填充物采取有效的防潮措施。吸声板堆放、转运应优先选用人工进行，避免机械运输破坏。维护结构夹心彩钢板装卸及安装过程中要加工模具或采取措施，防止起吊后板材变形。

（3）隔声罩内部四周吸音体要考虑与喷淋管道相碰的问题。屋面吸、隔声板应沿屋面排水方向采取搭接方式接缝，避免出现屋面漏水现象。

（4）表面做防腐处理，防腐年限不小于10年。未经设计书面同意，所有构件均不得采取拼接接长。

隔声罩如图D.14所示。

图D.14　隔声罩

1.3.4　加高围墙

适用范围：站界外无声环境敏感目标的变电（换流）站。

工艺标准：

（1）围墙高度需满足环保专项设计、环评及批复文件要求。

（2）围墙形式、施工工艺要求严格按设计文件执行。

（3）允许偏差：平整度不大于2mm，垂直度不大于2mm，缝宽不大于2mm。

施工要点：

围墙施工要求按相关设计要求执行。

加高围墙如图D.15所示。

图D.15　加高围墙

1.3.5 声屏障

适用范围：站界外有声环境敏感目标的变电（换流）站，也可与加高围墙结合使用。

工艺标准：

（1）降噪材料的声学性能指标、材料、规格、型号等要求应满足设计要求。供货商应提供降噪材料型式检验报告、出厂报告、出厂质量检验合格证书及有资质的检测单位提供的检测报告。

（2）降噪板表面应平整、色泽一致、洁净。接缝应均匀、顺直，填充材料应干燥，填充应密实、均匀、无下坠。所有钢构件应经过非常彻底的喷射清理除锈，采用热浸镀锌防腐处理，外涂聚氨酯改性面漆两遍。

（3）允许偏差：立面垂直度不大于3mm，表面平整度不大于3mm；接缝直线度不大于3mm，接缝高低不大于3mm。施工质量满足《钢结构工程施工质量验收标准》（GB 50205—2020）、《电力建设施工技术规范　第1部分：土建结构工程》（DL 5190.1—2022）、《电力建设施工质量验收规程》DL/T 5210（所有部分）等相关标准要求。

施工要点：

（1）施工前应对进入现场的地脚螺栓、钢立柱、降噪板组织检查验收。重点核对降噪装置钢构件和降噪板型号、规格、数量是否满足设计要求，检查降噪装置钢构件和吸隔声板是否有损坏、擦伤、断裂等。检查附件、备件、配套地脚螺栓规格、型号是否齐全。

（2）埋件安装须专用安装支架，安装支架牢固可靠，有埋件微调措施。埋件完成后需经过验收检查合格，混凝土强度达到要求后，方可进入下道工序施工。钢立柱与预埋件在围墙上端的地脚螺栓连接。地脚螺栓固定采用双螺母以防止松动。

（3）降噪板安装采用分块嵌入式插入钢立柱槽钢中。降噪板与钢立柱间采用可拆卸螺栓连接。降噪板全部安装完毕，顶部采用压顶盖板，并采用可拆卸螺栓与钢柱连接固定。

（4）声屏障板表面防腐的耐久年限应30年以上，并保证在现场大气环境下20年内表面涂层不产生明显褪色、色差、龟裂、剥落。

图D.16　声屏障

声屏障如图D.16所示。

1.3.6 吸音墙

适用范围：封闭建筑物内部墙体，也可用于变电（换流）站围墙。

工艺标准：

（1）轻钢龙骨使用的紧固材料应满足构造功能，结构层间连接牢固；骨架应保证刚度，不得弯曲、变形。吸音棉应填充均匀、密实、平整；铝扣板安装固定牢靠，不得有翘曲变形、缺边损角，无松脱、折裂厚度一致。

（2）墙面垂直、平整，拼缝密实，线角顺直，板面色泽均匀整洁。

（3）允许偏差：墙面垂直度不大于3mm，平整度不大于2mm，阴阳角方正不大于2mm，接缝直线度不大于3mm，接缝高低差不大于2mm。

施工要点：

（1）墙面基层应找平及防潮处理。用经纬仪（或线锤）在墙间柱打（吊）垂直，根据面板尺寸分段设点做标记。对整个墙面进行排版，以确保板面布置总体匀称。四围留边时，留边的四周要上下左右对称均匀，且边板宽度尺寸不小于300mm；墙上的灯具、配电箱、穿墙导管等设备位置合理、美观；地面与墙面收口应预留或设置踢脚线空挡。

（2）主次龙骨安装。竖向主龙骨固定点间距按设计推荐系列选择，原则上不能大于1000mm。主龙骨采用射钉固定与基层墙面连接固定，其纵向安装相邻龙骨间距为600mm；主龙骨安装后应及时校正其垂直度及平整度，主龙骨安装垂直度、平整度误差控制在 5mm范围内。当主龙骨安装垂直度及平整度检查合格后，方可在纵向主龙骨上进行横向次龙骨的安装。横向次龙骨安装间距为600mm，次龙骨与主龙骨间的连接采用拉铆钉。

（3）吸音棉铺装：在基层龙骨安装完后，将成卷的吸音棉（通常厚度为50mm）套割成与轮钢龙骨安装间距相同宽度的板块（比如600mm × 600mm），直接镶嵌在龙骨分格间；相邻两个吸音棉板块间的接缝要拼实挤严，不得有漏填现象，且其表面须与横向次龙骨表面齐平。

（4）面层铝扣板安装：面层铝扣板宜采用冲孔铝扣板，铝扣板厚度为2mm。铝扣板是直接安装嵌扣入次龙骨槽口内。在面板安装前，全面检查基层主次龙骨安装的垂直度、平整度，吸音降噪材料的填嵌密实度，确定整个基层安装牢固可靠，符合有关规定后方可进入面板安装。多孔铝扣板安装时，须调直次龙骨。墙上的灯具、配电箱、穿墙导管等设备与饰面板的交接吻合、严密，角缝紧密：吸音墙板面垂直、平整，拼缝顺直，无翘曲、锤印等。

（5）铝角条安装：在墙柱及门窗洞口阴阳角拼缝处采用阴角条和阳角条进行装饰收口。阴阳角装饰铝条与墙板面间采用铆钉连接加固，其安装水平误差，纵向误差、平直度均不得超过3mm。

吸音墙（铝扣板）如图D.17所示。

图D.17　吸音墙（铝扣板）

1.4　固废防治措施

目的：控制、处理施工过程产生的建筑垃圾、房屋拆迁产生的建筑垃圾、原材料和设备包装物、临时防护工程产生的废弃织物。

主要措施包括建筑垃圾清运、废料和包装物回收与利用、施工场地垃圾箱。

1.4.1　建筑垃圾清运

适用阶段：施工全过程。

适用范围：施工区域建筑垃圾的清运。

工艺标准：

（1）建筑垃圾应分类集中堆放，及时清运。

（2）建筑垃圾清运车辆应满足国家、地方和行业对机动车安全、排放、噪声、油耗的相关法规及标准要求。

（3）建筑垃圾清运车辆的外观、结构和密闭装置及监控系统应符合国家和地方的相关规定。

（4）建筑垃圾清运应按当地管理规定办理相关手续。

（5）建筑垃圾应按批准的时间、路线清运，在市政部门指定的消纳地点倾倒。

施工要点：

（1）建筑垃圾清运车辆应封闭严密后方可出场，装载高度不得高出车厢挡板。

（2）建筑垃圾清运车辆出场前应将车辆的车轮、车厢吸附的尘土、残渣清理干净，防止车辆带泥上路。

（3）建筑垃圾运输过程中应切实达到无外露、无遗撒、无高尖、无扬尘的要求。

（4）建筑垃圾清运车辆要按当地规定运输时段运输，夜间运输需按当地要求办理相关手续。

建筑垃圾密闭运输车辆如图 D.18 所示。

图 D.18　建筑垃圾密闭运输车辆

1.4.2　废料和包装物回收与利用

适用阶段：施工全过程。

适用范围：施工废料、原材料和设备包装物回收，包括导线头、角铁，设备包装箱、纸、袋，保护设备的衬垫物，导线轴等。

工艺标准：

（1）施工中可回收的废料、包装物应收集，并集中存放。

（2）可在工程中使用的包装物应优先回用于工程，如编织袋可装土用于临时防护。

（3）原材料和设备厂家能回收的包装物宜由其回收，不能回收的宜委托有资质单位回收利用。

（4）不能回收利用废料、包装废弃物应交由有资质单位做资源化处理。

（5）废料、包装物属于国家电网有限公司物资管理范畴的，其回收与利用应按国家电网有限公司规定执行。

施工要点：

（1）不同材料的包装物应分类收集、存放。

（2）包装物的回收与利用不应产生二次污染。

（3）应设专人负责包装物的回收与利用。

钢筋回收如图 D.19 所示。

图 D.19　钢筋回收

1.4.3　施工场地垃圾箱

适用阶段：施工全过程。

适用范围：施工生产区、办公区和生活区。

工艺标准：

（1）施工场地应设置垃圾箱对生活垃圾进行集中收集，垃圾箱的数量应根据现场实际情况设定。

（2）施工生活区宜配置分类垃圾箱，分类垃圾箱设置根据施工所在地要求执行。

（3）施工现场应设置封闭式垃圾转运箱，并定期清运。

（4）施工生活区垃圾箱数量可按平均每人每天产生 1kg 垃圾进行设置。

（5）垃圾转运箱设置 1～2 个。

（6）项目所在地有相关规定的，应按相关规定执行。

施工要点：

（1）垃圾箱应摆放整齐，外观整洁干净。

（2）设置专人负责生活区、办公区、施工生产区的清扫及生活垃圾的收集工作。

（3）生活垃圾定期清运。

分类垃圾箱、垃圾收集转运箱如图 D.20 所示。

（a）分类垃圾箱

（b）垃圾收集转运箱

图 D.20　分类垃圾箱、垃圾收集转运箱

1.5　电磁控制措施

目的：预防扩建变电（换流）站施工临近带电体作业施工时产生的感应电伤人。

主要措施包括感应电预防、设备尖端放电预防、高压标识牌。

1.5.1　感应电预防

适用阶段：电气安装工程。

适用范围：变电（换流）站扩建临近带电体施工

工艺标准：

（1）变电站内配电装置区施工应采用硬隔离措施将运行设备和施工区域有效隔离，施工区域位置宜使用硬质围栏，道路区域使用硬质围栏或伸缩围栏。

（2）施工区域硬隔离围栏面朝施工区方向应交叉悬挂“止步，高压危险！”和“禁止跨越”标识牌，间距不大于 6m。严禁隔离措施不完备情况下施工。

（3）变电站进行临电作业时，应保证安装的设备和施工机械均接地良好。

（4）临近带电体的作业人员应穿屏蔽服，高空人员应正确使用安全带等防护用品。

（5）可采取自动确定临电距离的设备或监测方法，保证作业人员对带电体净空距离满足安全要求。

施工要点：

（1）临时围挡设置应牢固，要保证足够的安全距离，要有人员防误入带电区措施。

（2）设备、机械的接地连接要可靠，接地钢钎等接地体要设置稳固，接地电阻要满足要求。

（3）屏蔽服使用前必须仔细检查外观质量，如有损坏即不能使用。穿着时必须将衣服、帽、手套、袜、鞋等各部分的多股金属连接线按照规定次序连接好，并且不能和皮肤直接接触，屏蔽服内应穿内衣。屏蔽服使用后必须妥善保管，不与水气和污染物质接触，以免损坏，影响电气性能。

临近电作业感应电预防如图 D.21 所示。

（a）人员穿着屏蔽服作业

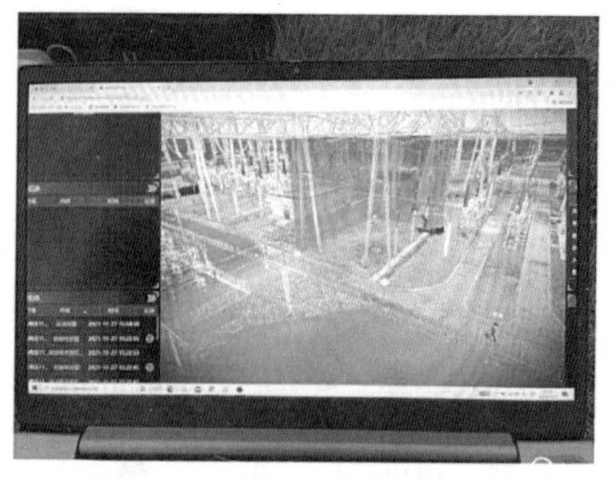

（b）基于北斗定位技术的临电作业虚拟安全围栏

图 D.21　临近电作业感应电预防

1.5.2　设备尖端放电预防

适用阶段：电气安装工程。

适用范围：主要适用于变电（换流）站电气安装。

工艺标准：

（1）变电站应采取高空跨线组合精准安装工艺。

（2）改善变电站构架区局部电磁场分布，有效降低电晕及可听噪声水平。

施工要点：

（1）导线、管形母线等带电设备出现磨损时，应用砂纸打磨等方式处理合格。

（2）整板、开口销、均压环等安装工艺要按规定进行，调整板朝向、开口销角度、均压环与绝缘子、金具的距离均应满足降低尖端放电的要求。

（3）电气设备安装时，应保证高压设备、建筑物钢铁件均接地良好，设备导电元件间接触均应连接紧密，减小因接触不良而产生的火花放电。

（4）导线、管形母线等设备压接及金具连接需接触地面时，应做好铺垫，防止磨伤设备。

设备尖端放电预防如图 D.22 所示。

图 D.22　设备尖端放电预防（构架高空跨越组合改善局部电磁场分布）

1.5.3　高压标识牌

适用阶段：电气安装工程。

适用范围：变电（换流）站围墙外立面、设备区的高压标识牌。

工艺标准：

（1）高压标识牌的材质、样式和规格应符合国家电网有限公司相关规定要求。

（2）高压标识牌的安装位置可根据实际情况确定，同一工程标识牌距地面安装高度应统一。

（3）变电（换流）站围墙外立面高压标识牌宜设置在进出线、配电装置侧围墙外。

施工要点：

（1）高压标识牌宜采用螺栓固定，牢固可靠。

（2）定期检查高压标识牌，出现脱落、污损应及时补装、更换。

高压标识牌如图 D.23 所示。

图 D.23　变电站高压标识牌

1.6　生态环境保护措施

目的：表现为施工活动如场地平整、基坑（槽）开挖、混凝土浇筑、施工人员和车辆进出等对地表植被、土壤的扰动和破坏，对工程周围动物的影响。

主要措施包括施工限界、棕垫隔离、彩条布铺垫与隔离、钢板铺垫、迹地恢复。

1.6.1　施工限界

适用阶段：施工全过程。

适用范围：变电（换流）站站区、进站道路区、施工便道、施工营地等区域的施工限界。

工艺标准：

（1）施工现场应采取限界措施，以限制施工范围，避免对施工区域外的植被、土壤等造成破坏。

（2）施工限界可视现场情况采取彩钢板围栏、硬质围栏、彩旗绳围栏、安全警示带等限界措施。

（3）彩钢板围栏、硬质围栏、彩旗绳围栏质量应符合相关标准要求。

（4）彩钢板围栏各构件安装位置应符合设计要求。

（5）彩钢板围栏、硬质围栏等宜采用重复利用率高的标准化设施。

施工要点：

（1）有条件的变电（换流）站站区宜先期修筑围墙进行施工限界。

（2）彩钢板围栏应连续不间断，现场焊接部件位应正确，无假焊、漏焊。

（3）施工过程中应定期检查限界措施的完整性，破损时应及时更换或修补。

施工限界如图 D.24 所示。

（a）硬质围栏限界

（b）彩旗绳限界

图 D.24　施工限界

1.6.2 棕垫隔离

适用阶段：施工全过程。

适用范围：地表植被较脆弱、恢复困难的地段。

工艺标准：

（1）棕垫应拼接严密、覆盖完整，搭接宽度应不小于 200mm。

（2）棕垫质量应符合相关标准要求。

施工要点：

（1）施工过程中，应每天检查棕垫的完整性，如有破损应及时补修或更换。

（2）施工结束后应及时将棕垫撤离现场。

棕垫隔离如图 D.25 所示。

（a）施工场地棕垫隔离

（b）运输道路棕垫隔离

图 D.25　棕垫隔离

1.6.3 彩条布铺垫与隔离

适用阶段：施工全过程。

适用范围：临时堆土、堆料场等。

工艺标准：

（1）彩条布应具有耐晒和良好的防水性能；严寒地区施工选用的彩条布还应具有耐低温性。

（2）临时堆土、堆料彩条布铺垫的用料量按照堆土面积的 1.2 倍～3 倍计算。

（3）彩条布边缘距堆放物应不小于 500mm。

（4）彩条布搭接宽度应不小于 200mm。

（5）彩条布质量应符合相关标准要求。

施工要点：

（1）彩条布铺垫前应将场地内石块清理干净。

（2）彩条布设铺设应平整，并适当留有变形余量。

（3）施工时应注意检查彩条布是否有洞或破损。

（4）彩条布应覆盖完整，并检查是否有遗漏。

（5）正常情况下，坡面铺垫时不能有水平搭接。

（6）施工结束后及时撤离彩条布，并妥善处理，避免二次污染。

彩条布隔离与铺垫如图 D.26 所示。

图 D.26　彩条布隔离与铺垫

1.6.4　钢板铺垫

适用阶段：施工全过程。

适用范围：利用田间道路作为施工便道或需占用农田作为临时用地的情况，其他情况可根据环评报告和批复要求、工程地形地质地貌特点等选用钢板铺垫措施。

工艺标准：

（1）钢板应采用厚度为 20mm 以上的热轧中厚钢板，级别为 Q235B。

（2）土质结构较为松散的地面，应适当增加钢板的厚度。

施工要点：

（1）钢板铺垫的路面、路线和路宽可视现场实际情况而定。

（2）钢板铺设时须纵向搭接，保证车辆行驶时不出现翘头板。

图 D.27　钢板铺垫

钢板铺垫如图 D.27 所示。

1.6.5　迹地恢复

适用阶段：施工全过程。

适用范围：房屋拆迁和施工临时占地的恢复。

工艺标准：

（1）房屋建筑、施工临建拆除后，硬化地面需剥离，基础需挖除，产生的建筑垃圾处理和运输应符合相关法律法规要求。

（2）硬化地面剥离、基础挖除后，需对迹地进行平整，以达到土地平坦，坡度不超过 5°。

（3）平整后的土地应及时恢复地表植被或原有使用功能。

（4）施工临时堆土场、堆料场，临时道路，牵张架线场等临时占地应在占用结束后及时恢复地表植被或原有使用功能。

（5）房屋建筑、施工临建拆除应彻底，禁止残留墙体、硬化地面和基础。

施工要点：

（1）房屋建筑、施工临建拆除过程应注意保护周围地表植被、控制扬尘。

（2）房屋建筑、施工临建拆除形成的建筑垃圾应全部清运，禁止原地掩埋。

（3）迹地平整可采取推土机和人工相结合的作业方式，即采用推土机初平然后人工整平。

（4）拆迁后或临时占用后的迹地应恢复至满足耕种的条件，非耕地视情况实施植被恢复并保证成活率。

迹地恢复如图 D.28 所示。

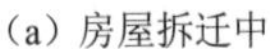
（a）房屋拆迁中

（b）迹地恢复后

图 D.28　迹地恢复

1.7　永临结合工程措施

适用阶段：施工全过程。

适用范围：变电（换流）站的进站道路、围墙、站内雨排管沟等。

工艺标准：

（1）施工前应做好施工组织设计，考虑永临结合工程措施，合理布置施工场地、施工时序。

（2）变电（换流）站施工现场临时道路布置宜与原有道路或永久进站道路兼顾考虑。

（3）应充分利用原有道路或永久进站道路基层，并加设预制拼装可周转的临时路面，如钢制路面、装配式混凝土路面等，加强路基成品保护。

（4）现场临时围挡宜最大限度利用永久围墙，具备条件的变电（换流）站宜先期修建永久围墙。

（5）现场临时雨水管沟宜与变电（换流）站内永久雨水排水沟兼顾考虑，具备条件时应先期修筑永久雨排管沟。

施工要点：

变电（换流）站的进站道路、围墙的施工工艺和质量应符合相关标准、规范和国家电网有限公司有关规定。

永临结合工程措施如图 D.29 所示。

（a）永临结合雨水排管沟

（b）永临结合围墙

（c）永临结合施工道路

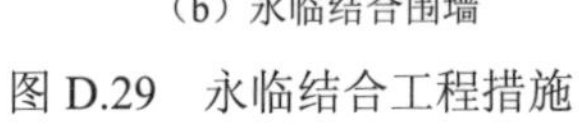
图 D.29　永临结合工程措施

2. 水土保持措施落实

变电（换流）站工程水土保持措施按照单位工程主要分为表土保护措施、临时防护措施、边坡防护措施、截排水措施、土地整治措施、防风固沙措施、降水蓄渗措施、植被恢复措施。

资料成果：《环保水保专项施工方案》《水土保持单元工程质量检验及评定记录表》。

2.1 表土保护措施

目的：保护和利用因开挖、填筑、弃渣、施工等活动破坏的表土资源。

主要措施包括表土剥离、表土回覆、表土铺垫保护、草皮剥离养护及回铺。

2.1.1 表土剥离、保护

适用阶段：施工全过程。

适用范围：扰动地表的永久及临时征占地范围，包括地表开挖或回填施工区域。

工艺标准：

（1）满足《生产建设项目水土保持技术标准》（GB 50433—2018）和《土地利用现状分类》（GB/T 21010—2017）的相关要求。

（2）应把表土集中堆放，并完成苫盖、保存好，表土中不应含有建筑垃圾等物质。

（3）表土剥离厚度根据表层熟化土厚度确定，一般为 100～600mm。平原区塔基原地类为耕地、草地的，表土剥离厚度一般为 300mm；山丘区施工临时道路原地类为草地、林地的，剥离厚度一般为 100mm；高寒草原草甸地区，应对表层草甸进行剥离；对于内蒙古草原生态比较脆弱的区域应考虑减少扰动和表土剥离。

施工要点：

（1）定位及定线。将不同的剥离单元进行画线，标明不同单元土壤剥离的范围和厚度。当剥离单元内存在不同的土层时，应分层标明土壤剥离的厚度。

（2）清障。实施剥离前，应清除土层中较大的树根、石块、建筑垃圾等异物，不影响施工及余土堆放的灌木、乔木应做好保护。

（3）表土剥离。在每一个剥离单元内完成剥离后，应详细记载土壤类型和剥离量。在土壤资源瘠薄地区，如需进行犁底层、心土层等分层剥离，应增加记载土壤属性。表土较薄的山区表土、草甸区草甸土可采取人工剥离；土层较厚的平原区可采取机械剥离。

（4）临时堆放。剥离的表土需要临时堆放时，应选择排水条件良好的地点进行堆放，并采取保护措施。表土较薄的山区表土应装入植生袋就近存放；土层较厚的平原区可采用就近集中堆存或异地集中堆存。

（5）其他方面的要求如下：

1）当剥离过程中发生较大强度降雨时，应立即停止剥离工作，并对已剥离的区域采取苫盖措施，减少雨水冲刷。在降雨停止后，待土壤含水量达到剥离要求时，再开始剥离操作。因受降雨冲刷造成土壤结构严重破坏的表土面应予清除。

2）禁止施工机械在尚未开展土壤剥离的区域运行；应确保施工作业面没有积水。

3）对剥离后的土壤应进行登记，详细载明运输车辆、剥离单元、储存区或回覆区、土壤类型、质地、土壤质量状况、数量等，并建立备查档案。

表土剥离、保护如图 D.30 所示。

（a）机械剥离

（b）表土集中堆存

图 D.30　表土剥离、保护

2.1.2　表土回覆

适用阶段：施工全过程。

适用范围：施工结束后，需要进行植被建设、复耕的区域。

工艺标准：

（1）满足《生产建设项目水土保持技术标准》（GB 50433—2018）和《土地利用现状分类》（GB/T 21010—2017）的相关要求。

（2）应采用耕植土或其他满足要求的回填土，回填土中不应含有建筑垃圾等物质。

（3）回填时应封层夯实，回填土的夯实系数应达到设计要求。

（4）应保证地表平整。

（5）覆土厚度应根据土地利用方向、当地土质情况、气候条件、植物种类以及土源情况综合确定。一般情况下农业用地 300～600mm，林业用地 400～500mm，牧业用地 300～500mm。园林标准的绿化区可根据需要确定回覆表土厚度。

（6）回覆位置和方式应按照植被恢复的整地方式进行。平地剥离的表土数量足够时，一般将绿化及复耕区域全面回覆；坡地剥离的表土数量较少时，采用带状整地的可将绿化及复耕区域全面回覆，采用穴状整地的应将表土回覆于种植穴内。

（7）若剥离的表土不满足种植要求时，应外运客土回覆。

施工要点：

（1）画线。土地整治完成，回覆区确定后，应通过画线，明确回覆区范围；并根据恢复植被的种植要求和种植整地设计，划分回覆单元（条带），确定每个回覆单元的覆土范围和厚度。变电站回覆区域较大时，应划分网格，确定分区卸土的范围，各分区应明确回覆土壤的来源和数量。

（2）清障。应清除回填区域内土壤中的树根、大石块、建筑垃圾等杂物，保证回填区域地表的清洁。

（3）卸土、摊铺、平整。表土回覆应在土壤干湿条件适宜的情况下进行。应按照恢复植被的种植方向逐步后退卸土，土堆要均匀，摊铺厚度以满足设计覆土厚度为准。边卸土边摊铺，在摊铺完成后，采用荷重较低的小型机械或耙犁进行平整。当覆土厚度不满足耕作层厚度时，应用人工进行局部修复。

（4）翻耕。表土回覆后，视土壤松实程度安排土地翻耕，使土壤疏松，为植物根系生长创造良好条件。同时通过农艺措施和土壤培肥，不断提升地力，逐步达到原始地力水平。

（5）避开雨期施工，必要时在回覆区开挖临时排水沟。

表土回覆如图 D.31 所示。

图 D.31　表土回覆（机械回覆）

2.1.3　表土铺垫保护

适用阶段：施工全过程。

适用范围：由于人员走动或设备占压而对地表产生扰动的区域。

工艺标准：

（1）裸露的地表可选用彩条布铺垫在底部再集中堆存表土，减少对原地貌的扰动，堆土边沿用装入表土的植生袋进行拦挡，堆土上部用密目网苫盖避免扬尘。

（2）彩条布搭接宽度应不小于 200mm。

（3）彩条布质量应符合相关标准要求。

施工要点：

（1）彩条布铺垫前应将场地内石块清理干净。

（2）彩条布设铺设应平整，并适当留有变形余量。

（3）施工时应注意检查彩条布是否有洞或破损。

（4）彩条布应覆盖完整，并检查是否有遗漏。

（5）施工结束后及时撤离彩条布，并妥善处理，避免二次污染。

表土铺垫保护如图 D.32 所示。

图 D.32　表土铺垫保护

2.1.4　草皮剥离、养护及回铺

适用阶段：施工全过程。

适用范围：青藏高原等高寒草原草甸地区草皮的保护与利用。

工艺标准：

（1）满足《生产建设项目水土保持技术标准》（GB 50433—2018）的相关要求。

（2）应把草坪妥善保存好，尽量不要破坏根系附着土。

（3）应该定期浇水。

（4）草皮回铺时应压实，压实系数应达到设计要求。

（5）应保证地表平整。

施工要点：

（1）原生草皮剥离。按照 500mm×500mm×（200～300mm）（长×宽×厚）的尺寸规格，将原生地表植被切割剥离为立方体的草皮块，移至草皮养护点；剥离草皮时，应连同根部土壤一并剥离，尽量保证切割边缘的平整；必须在根系层以下保留 30～50mm 的裕度，以保证根系完整并与土壤良好结合，确保草皮具有足够的养分来源；草皮剥离和运输过程中，应避免过度震动而导致根部土壤脱落；此外，要对草皮下的薄层腐殖土就近集中堆放，用于后期草皮回移时的覆土需要。

（2）剥离草皮养护。草皮养护点可选择周边空地、养护架或纤维袋隔离的邻近草地上，后者的草皮厚度需控制在 4 层之内。分层堆放草皮块时，需采用表层接表层、土层接土层的方式。要注意经常洒水，以保持养护草皮处于湿润状态，并在周边设置水沟，将大雨时段的多余降水及时排走，避免草皮长期处于淹没状态而腐烂死亡。养护草皮的堆放时间不宜过长，回填完成后，应立即进行回移。

（3）草皮回移铺植。草皮回铺施工工艺应符合下列规定：

1）草皮回铺区域应回填压实，压实系数应达到设计要求。回铺前应进行土地整治，先垫铺 50～100mm 厚的腐殖土层。在腐殖土层不足的情况下，可利用草皮移植过程中废弃的草皮土。铺植时，把草皮块顺次摆放在已平整好的土地上，铺植后压平，使草皮与土壤紧接。

2）机械铲挖的草皮经堆放和运输，根系会受到一定损伤，铺植前要弃去破碎的草皮块。

3）铺植时，把草皮块顺次摆放在已平整好的土地上，铺植后压平，使草皮与土壤紧接。

4）铺植时应减少人为原因造成草皮损坏，影响成活率；同时，尽量缩小草皮块之间的缝隙，并利用脱落草皮进行补缝。

5）应尽量保证回铺草皮与周边原生草皮处于同一平面以提高成活率。

草皮剥离及养护如图 D.33 所示。草皮回铺如图 D.34 所示。

2.2 临时防护措施

目的：防护施工中的临时堆料、堆土（石、渣，含表土）、临时施工迹地等，防止降雨、风等外营力冲刷、吹蚀。

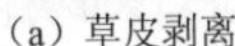
（a）草皮剥离

（b）草皮养护

图 D.33　草皮剥离及养护

主要措施包括临时排水沟、填土编织袋（植生袋）拦挡、临时苫盖。

图 D.34　草皮回铺

2.2.1　临时排水沟

适用阶段：施工全过程。

适用范围：变电（换流）站临时堆土及裸露地表产生汇水的排导。

工艺标准：

（1）工程量符合设计或实际情况。

（2）排水通畅、散水面设置符合实际要求。

施工要点：

（1）先做好临时排水沟走向设计，定位定线。

（2）挖沟前应先清障，先整理排水沟基础，铲除树木、草皮及其他杂物等；挖沟时应将表土剥离进行集中堆存，余土堆置于沟槽下坡侧，培土拍实成为土埂。

（3）挖掘沟身时须按设计断面及坡降进行整平，便于施工并保持流水顺畅。

（4）填土部分应充分压实，并预留高度 10%的沉降率。填土不得含有树根、杂草及其他腐蚀物。

（5）临时排水沟不再使用时，应将余土填入沟中，充分压实，覆盖表土，预留高度 10%的防尘层，必要时采取人工植被恢复措施。

临时排水沟如图 D.35 所示。

图 D.35　临时排水沟

2.2.2　填土编织袋（植生袋）拦挡

适用阶段：施工全过程。

适用范围：变电（换流）站临时堆土的拦挡。

工艺标准：

（1）工程措施坚持“先防护后施工”原则。

（2）坡脚处拦挡要满足堆土量的设计要求。

（3）编织袋（植生袋）宜采用可降解材料。

施工要点：

（1）一般采用编织袋或植生袋装土进行挡护，编织袋（植生袋）装土布设于堆场周边、施工边坡的下侧，其断面形式和堆高在满足自身稳定的基础上，根据堆体形态及地面坡度确定。

（2）一般采取“品”字形紧密排列的堆砌护坡方式，挡护基坑挖土，避免坡下出现不均匀沉陷，铺设厚度一般按400～600mm，坡度不应陡于1∶1.2～1∶1.5，高度宜控制在2m以下。

（3）编织袋（植生袋）填土交错垒叠，袋内填充物不宜过满，一般装至编织袋（植生袋）容量的70%～80%为宜。同时，对于水蚀严重的区域，在“品”字形编织袋（植生袋）挡墙的外侧需布设临时排水设施，风蚀区则不考虑。

（4）可使用填生土编织袋或填腐殖土植生袋进行临时拦挡，宜使用填腐殖土植生袋进行永临结合拦挡，堆土一次到位，避免倒运。

图D.36　填土编织袋（植生袋）拦挡

（5）填生土编织袋临时拦挡时间一般不超过3个月，避免编织袋风化垮塌。植生袋一般采用可降解的无纺布材质，降解周期2～3年，强度大可重复倒运使用，夹层粘贴的草籽具备成活条件。

填土编织袋（植生袋）拦挡如图D.36所示。

2.2.3　临时苫盖

适用阶段：施工全阶段。

适用范围：变电（换流）站临时堆土及裸露地表的苫盖。

工艺标准：

（1）布设位置符合设计要求，覆盖边缘有效固定。

（2）苫盖材料选择符合设计要求。

（3）被苫盖体无裸露。

（4）苫盖材料搭接尺寸允许偏差不小于100mm。

（5）苫盖密实、压重可靠。

施工要点：

（1）临时苫盖材料可选择仿真草皮毯、密目网、彩条布、塑料布、土工布、钢板、棕垫、无纺布、植生毯等对堆土、裸露的施工扰动区、临时道路区、植被恢复区进行临时苫盖。

（2）变电（换流）站裸露地表可使用仿真草皮毯等临时苫盖，使用U形钉固定于地面，两片草皮毯接缝处应重合50～100mm。

（3）变电（换流）站等临时堆土应使用3000目以上密目网临时苫盖，可使用U形钉固定或石块压力固定，两片密目网接缝处应重合300～500mm。

（4）存放砂石、水泥等材料的扰动区地表可使用彩条布临时苫盖，使用U形钉固定于地面，两片草皮毯接缝处应重合50～100mm。

（5）泥浆池、临时蓄水池其坑底和坑壁可使用塑料布苫盖。

（6）机械设备等施工扰动区可使用密目网、土工布、彩条布等临时苫盖。

（7）高原草甸施工扰动区、临时道路可使用棕垫苫盖减少对地表扰动和植被破坏。

（8）临时道路可使用钢板临时苫盖，降低对临时道路破坏。

（9）植被恢复区可使用无纺布、植生毯等进行临时苫盖，保存土壤水分，提高植被成活率。

（10）施工时在苫盖材料四周和顶部应放置石块、砖块、土块等重物做好固定，以保持其稳定，避免大风吹起彩条布、无纺布等降低苫盖效果或发生危险。

（11）运行中要定期检查苫盖材料的破漏情况，及时修补。

（12）极端天气前后一定要检查其完整情况。

（13）临近带电体时不宜采用密目网、彩条布等苫盖措施，防止被大风吹到带电设备上发生危险。

（14）所有苫盖用材料要做好回收利用或回收处理，避免污染环境。

临时苫盖措施如图 D.37 所示。

（a）密目网临时苫盖

（b）彩条布临时苫盖

图 D.37　临时苫盖措施

2.3　边坡防护措施

目的：稳定斜坡，防治边坡风化、面层流失、边坡滑移、垮塌，首要目的是固坡，对扰动后边坡或不稳定自然边坡具有防护和稳固作用，同时兼具边坡表层治理、美化边坡等功能。

主要措施包括植物骨架护坡、生态袋绿化边坡、植草砖护坡、客土喷播绿化护坡等。

2.3.1　植物骨架护坡

适用阶段：土石方工程阶段。

适用范围：变电（换流）站开挖边坡和回填边坡的防护。

工艺标准：

（1）轴线偏差±10mm，截面尺寸偏差±5mm。

（2）满足《变电（换流）站土建工程施工质量验收规范》（Q/GDW 1183—2012）的相关要求。

施工要点：

（1）按照图纸要求，对其放样，开挖基槽。

（2）模板考虑周转次数宜采用钢模，钢模安装完毕后，涂好脱模剂，模板缝隙浇筑前一天要高一标号砂浆封闭。作业平台搭设按设计要求绑扎钢筋、支设模板并找正，对模板进行可靠固定。

（3）采用细石混凝土，现场搅拌混凝土浇制，从下向上浇制混凝土，做到振捣密实。竖向框格混凝土浇制时应减小塌落度，控制浇制时间，避免混凝土较大流动。混凝土浇筑要一个圆弧一次成型，振捣要密实，采用直径 30mm 的振捣棒振捣。

（4）正常气温下 12h 内开始浇水养护，天气炎热干燥有风时应在 3h 内浇水养护。混凝土浇水湿润后，采用薄膜覆盖养护。

（5）混凝土强度达到 1.2MPa 前，不得在其上踩踏。强度达到设计标准值 50%时，方可拆模。模板拆除时要防止对混凝土的碰撞，而损坏边角。

（6）在拆模后的框格内填腐殖土，骨架内宜根据当地气候区划选择适宜草型种植，播撒草籽，喷水抚育，覆盖无纺布保墒。经常洒水保持表面湿润，常温下抚育期不得小于 7d。

（7）护坡高度超过 8m 时，两级护坡之间需设置 1.5～2m 宽的分级平台。护坡应采取有组织排水，使流水汇集在骨架内，防止流水冲刷坡面。

（8）伸缩缝无设计要求，采用 8～10m 或两列格室间距设置，沥青麻丝嵌缝、硅酮耐候密封胶做表面填充。

图 D.38　植物骨架护坡

植物骨架护坡如图 D.38 所示。

2.3.2　生态袋绿化边坡

适用阶段：施工全阶段。

适用范围：变电（换流）站开挖边坡和回填边坡的防护。

工艺标准：

（1）工程布置合理，符合设计或规范要求。

（2）工程结构稳定，堆放坡度较大时，有符合设计要求的钢索、加筋格栅或框格梁固定，生态袋材料符合设计要求，生态袋间缝隙用土填严。

（3）生态袋扎口带绑扎可靠，袋间连接扣连接牢固。

（4）袋内装种植土、草籽、有机肥拌和均匀，其种类和掺入量符合设计要求。

（5）封装和铺设符合设计要求。

（6）植生袋厚度不小于设计厚度的 10%。

（7）边坡坡比不陡于设计坡比。

（8）密实度不小于设计值。

（9）植被成活率不小于设计植被成活率。

施工要点：

（1）分析立地条件，根据坡体的稳定程度、坡度、坡长来确定码放方式和码放高度。

（2）对坡脚基础层进行适度清理，保证基础层码放平稳。

（3）根据施工现场土壤状况，在植生袋内混入适量弃渣，实现综合利用。

（4）从坡脚开始沿坡面紧密排列生态袋堆砌，铺设厚度一般按 200～400mm。植生袋有草籽面需在外面。码放中要做到错茬码放，且坡度越大，上下层植生袋叠压部分越大。

（5）生态袋之间以及植生袋与坡面之间采用种植土填实，防止变形、滑塌。

（6）生态袋袋内填充物不宜过满，一般装至植生袋容量的 70%～80%为宜。施工中注意对生态袋的保管，尤其注意防潮保护，以保证种子的活性。

（7）生态袋连接扣应形成稳定的内加固紧锁结构，以增加生态袋与生态袋之间的剪切力，加强生态袋系统整体抗拉强度。

（8）施工后立即喷水，保持坡面湿润直至种子发芽。

生态袋绿化边坡如图 D.39 所示。

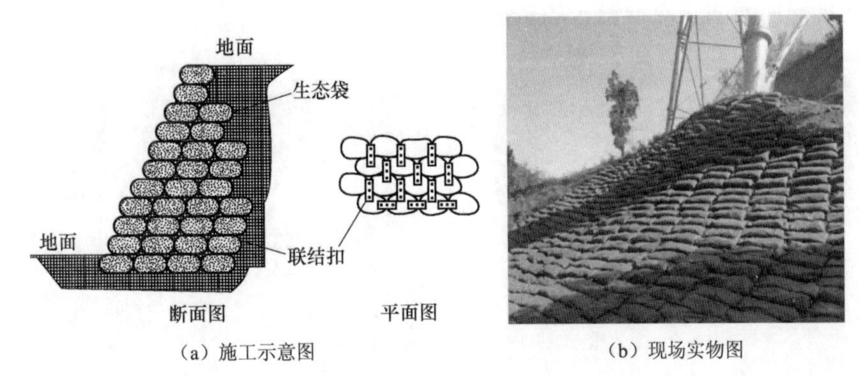

（a）施工示意图　　（b）现场实物图

图 D.39　生态袋绿化边坡

2.3.3　植草砖护坡

适用阶段：施工全过程。

适用范围：变电（换流）站开挖边坡和回填边坡的防护。

工艺标准：

（1）基面基础浮土、杂物及强风化层全部清除。

（2）基面表面平整，无弹簧土、裂缝、起皮及不均匀沉降现象。

（3）外观检查无缺陷。

（4）尺寸偏差预制构件不应有影响结构性能和安装、使用功能的偏差。

（5）基面清理过程中，坡面长、宽人工施工允许偏差 0～500mm，机械施工允许偏差 0～1000mm。

（6）基面边坡不陡于设计边坡。

（7）接缝凿毛处理符合设计要求。

施工要点：

（1）施工前先对边坡进行修整，清刷坡面杂质、浮土，填补坑凹，夯拍，使坡面密实、平整、稳定。

（2）测量放样要结合边坡填筑高度，直线段间隔 20m、曲线段间隔 10m 放桩确定护坡坡率、护脚基坑开挖位置和深度。

（3）采用挂线法将边坡坡面按设计坡度刷平，坑洼不平部分填补夯实，合格后进行下道工序施工。

（4）护脚基坑开挖前用石灰撒出开挖边界，采用小型挖机配合人工进行开挖。基底设计高程以上 100mm 区域采用人工进行挖除。肋柱和护脚基坑按设计形式尺寸挂线放样，开挖沟槽。保证基坑开挖尺寸符合设计及相关规范要求。

（5）护坡的坡脚打桩、挂线，确定边坡混凝土预制块的坡面标高和线型。两肋柱之间坡面应自下而上铺设混凝土预制块，要求混凝土预制块组合成完整的拱形和排水沟，铺砌前，铺 100mm 厚砂砾反滤层，铺设时使用橡皮锤击打使预制块和坡面密贴。

（6）砌体砌筑完毕应及时覆盖，并经常洒水保持表面湿润，常温下养护期不得小于 7d。

（7）植草砖内宜根据当地气候区划选择适宜草型种植。

植草砖护坡如图 D.40 所示。

图 D.40　植草砖护坡（变电站护坡）

2.3.4　客土喷播绿化护坡

适用阶段：施工全过程。

适用范围：变电（换流）站开挖边坡和回填边坡的防护。

工艺标准：

（1）边坡坡度修正达到设计坡度，坡面无碎石、松土，无凹坑、坚凸物。

（2）挂网材料选择、施工工艺、结构尺寸符合设计要求，结构稳定，网块间搭接长度、网块与坡面间距符合设计要求，铺设平整，锚固稳定。

（3）喷播基材配置、基材厚度符合设计要求，喷施厚度均匀、完全覆盖坡面，挂网无裸露，无纺布完整覆盖。

（4）工程断面尺寸允许偏差±5%。

（5）边坡坡比不陡于设计坡比。

（6）绿化材料及成活率符合植草标准。

施工要点：

（1）边坡坡面基本平整，坡比不大于 1∶0.75，坡顶与自然边坡圆滑过渡。

（2）对于回填边坡，其填方土应压（夯）实，超填应削坡。

（3）边坡顶部安全包裹范围通常不得少于 600mm，根据坡体的稳定性和安全性可适当加宽包裹坡头的距离。

（4）金属网铺设上下边缘整齐一致，纵向连接时，连接上下金属网的金属丝，应环环缠绕串联，不得遗漏一环。

（5）金属网横向连接时，两网重叠宽度不小于 80mm。覆在上面的金属网边缘需要全部打结，不得遗漏。金属网连接处应平整，边缘无突起的网丝。

（6）锚杆前端呈切割斜面，弯头处呈“┌”形或“∩”形，弯头长度不小于 30mm。使用“┌”形锚杆固定金属网时，锚杆沿网孔最上缘垂直钉入边坡，弯头朝坡头方向钉入边坡。使用“∩”形锚杆固定金属网时，锚杆开口向下沿网孔最上缘垂直钉入边坡。

（7）当同时固定两幅金属网时，应将两幅金属网的金属丝同时固定在锚杆的弯头内。在两幅金属网搭接处，锚杆需将两幅网的铁丝同时压住。在坡头包裹处固定金属网，锚杆以 70°～80°角斜向钉入地面。

（8）钉入坡体的锚杆要牢固且稳定。当边坡形态起伏时，可在边坡起伏拐点处增设锚杆，以保证网体与坡体平行。边坡锚固后的金属网要松紧适度，一般在锚杆固定的中间拉起 50～200mm 距离者为适度。岩质边坡固定金属网，可借助电锤打眼，然后放入锚杆。

（9）沙土质边坡固定金属网，由于其松散不易固定，可用木桩钉入坡体加以固定，木桩长短根据边坡情况而定。

（10）根据边坡起伏特征试验确定均匀喷播技术方法。

（11）每条喷播后立即挂网遮阳。阴坡面挂单层遮阳网，阳坡面先铺无纺布再挂遮阳网。无纺布、遮阳网应完全牢固地覆盖边坡，喷播面不可有裸露。

客土喷播绿化护坡如图 D.41 所示。

（a）客土喷播作业

（b）换流站大型绿化护坡

图 D.41　客土喷播绿化护坡

2.4　截排水措施

目的：截水沟在坡面上修筑，为了拦截、疏导坡面径流；排水沟（管）为了排除坡面、天然沟道或地面的径流。

主要措施包括雨水排水管线、浆砌石截排水沟、混凝土截排水沟、生态截排水沟。

2.4.1　雨水排水管线

适用阶段：施工全过程。

适用范围：变电（换流）站站区汇水的排除。

工艺标准：

（1）应该满足《防洪标准》（GB 50201—2014）和《水土保持工程质量评定规程》

（SL 336—2006）的要求。

（2）管道的安装应平整牢靠。

（3）管道接口应光滑平整。

（4）雨水排水管道安装完成后表面光滑。

（5）无划痕及外力冲击破坏。

（6）雨水管道安装允许偏差为每米不大于 3mm。

施工要点：

（1）排水管一般用于雨水收集与排放，采取开沟埋设方式，可采用机械开挖，清底用人工方式。根据技术交底的管道管沟开挖宽度、在测量人员测放的管沟中线两侧放开挖边线。

（2）根据土质性质，由作业人员自行选择合适的开挖工具，开挖的土方可堆置在沟槽一侧，顶部苫盖防尘网或彩条布，堆土高度不宜超过 1.5m，且距槽边缘不宜小于 800mm。

（3）开挖应严格控制基底高程，不得扰动基底原状土层。基底设计标高以上 200～300mm 的原状土，应在铺管前用人工清理至设计标高。

（4）当遇超挖或基底发生扰动时，应换填天然级配砂石料或最大粒径小于 40mm 的碎石，并应整平夯实，其压实度应达到基础层压实度要求，不得用杂土回填。当槽底遇有尖硬物体时，必须清除，并用砂石回填处理。

（5）埋设前，需对原状土地基按设计要求进行处置。对一般土质，应在管底以下原状土地基上铺垫 150mm 中粗砂基础层；对软土地基，当地基承载能力小于设计要求或由于施工降水、超挖等原因，地基原状土被扰动而影响地基承载能力时，应按设计要求对地基进行加固处理，在达到规定的地基承载能力后，再铺垫 150mm 中粗砂基础层；当沟槽底为岩石或坚硬物体时，铺垫中粗砂基础层的厚度不应小于 150mm。

（6）管道安装前，宜将管节、管件按施工方案的要求摆放，摆放的位置应便于起吊及运送。起重机下管时，起重机架设的位置不得影响沟槽边坡的稳定。

（7）管道应在沟槽地基、管基质量检验合格后安装；安装时宜自下游开始，承口应朝向施工前进的方向。

（8）管节下入沟槽时，不得与槽壁支撑及槽下的管道相互碰撞；沟内运管不得扰动原状地基。

（9）合槽施工时，应先安装埋设较深的管道，当回填土高程与邻近管道基础高程相同时，再安装相邻的管道。

（10）管道安装时，应将管节的中心及高程逐节调整正确，安装后的管节应进行复测，合格后方可按设计要求进行管节连接施工。

（11）管道安装时，应随时清除管道内的杂物，暂时停止安装时，两端应临时封堵。

（12）雨水排水管管道安装铺设完毕后应尽快回填，在回填过程中管道下部与管底之间的间隙应填实。

（13）管道与法兰接口两侧相邻的第一至第二个刚性接口或焊接接口，待法兰螺栓紧固后方可施工。

（14）管道安装完成后，应按相关规定和设计要求设置管道位置标识。

（15）在雨季或冬季作业时，若沟槽开挖好后不能马上敷设管道或进行管施工，应先预留 100mm 厚暂不挖去，待安装施工前再清理至设计高程。

（16）管道安装铺设完毕后应尽快回填，在回填过程中管道下部与管底之间的间隙应填实。

雨水排水管线如图 D.42 所示。

（a）排水沟道

（b）雨水井

图 D.42　雨水排水管线

2.4.2　*浆砌石截排水沟*

适用阶段：施工全过程。

适用范围：变电（换流）站坡面来水的拦截、疏导和场内汇水的排除。

工艺标准：

（1）基础开挖定位、定线符合设计要求。

（2）基础开挖工程量应符合设计要求。

（3）砌体砌筑工程量应符合设计要求。

（4）砌石砌筑石料规格、砂浆强度符合设计要求，铺浆均匀、灌浆饱满、石块紧靠密实。

（5）沟渠坡降符合设计要求。

（6）砌体抹面均匀无裂隙。

（7）散水面符合设计和实际要求，避免冲刷边坡。

（8）基面处理方法、基础断面应符合设计要求。

（9）砌体断面尺寸应符合设计要求。

施工要点：

（1）排水沟一般采用人工开挖，排洪沟可采用机械开挖。开挖时将表土剥离集中堆存或装袋堆存，将余土运至集中堆存处按照土地整治要求处理。沟槽开挖至设计尺寸，不能扰动沟底及坡面土层，不允许超挖。开挖结束后清理沟底残土。开挖沟底顺直，平纵面形态圆顺连接，沟底顺坡平整。

（2）截排水沟采用挤浆法分层砌筑，工作层应相互错开，不得贯通，砌筑中的三角缝不得大于 20mm。在砂浆凝固前将外露缝勾好，勾缝深度不小于 20mm，若不能及时勾缝，则将砌缝砂浆刮深 20mm 为以后勾缝做准备。所有缝隙均应填满砂浆。

（3）沟底砂砾垫层摊铺厚度 150～250mm，并进行平整压实。

（4）伸缩缝和沉降缝设在一起，缝宽 20mm，缝内填沥青麻丝。

（5）勾缝一律采用凹缝，勾缝采用的砂浆强度 M7.5，砌体勾缝嵌入砌缝 20mm 深，缝槽深度不足时应凿够深度后再勾缝。每砌好一段，待浆砌砂浆初凝后，用湿草帘覆盖，定时洒水养护，覆盖养护 7～14d。养护期间避免外力碰撞、振动或承重。

浆砌石截排水沟如图 D.43 所示。

图 D.43　浆砌石截排水沟

2.4.3　混凝土截排水沟

适用阶段：施工全过程。

适用范围：主要适用于变电（换流）站坡面来水的拦截、疏导和场内汇水的排除。

工艺标准：

（1）基础开挖定位、定线符合设计要求。

（2）基础开挖工程量应符合设计要求。

（3）砌体砌筑工程量应符合设计要求。

（4）砌石砌筑石料规格、砂浆强度符合设计要求，铺浆均匀、灌浆饱满、石块紧靠密实。

（5）沟渠坡降符合设计要求。

（6）砌体抹面均匀无裂隙。

（7）散水面符合设计和实际要求，避免冲刷边坡。

（8）基面处理方法、基础断面应符合设计要求。

（9）砌体断面尺寸应符合设计要求。

施工要点：

（1）沟槽开挖完成后，先行进行垫层混凝土浇筑。

（2）混凝土浇筑前进行支模，一般采用木模板，模板尺寸满足设计要求。混凝土浇筑达到一定强度后方可拆模，模板拆除后应及时清理表面残留物，进行清洗。

（3）混凝土捣固密实，不出现蜂窝、麻面，同时注意设置伸缩缝，伸缩缝可采用沥青木板。

（4）垫层及底板混凝土浇筑后立即铺设塑料薄膜对混凝土进行养护，沟壁混凝土拆模后立即用塑料薄膜将沟壁包裹好进行养护，养护时间不少于 7d。

混凝土截排水沟如图 D.44 所示。

2.4.4 生态截排水沟

图 D.44 混凝土截排水沟（变电站截排水沟）

适用阶段：施工全过程。

适用范围：主要适用于变电（换流）站坡面来水的拦截、疏导和场内汇水的排除。

工艺标准：

（1）沟渠的布局走向符合设计要求。

（2）沟渠的结构型式符合设计要求。

（3）沟渠表面平整，无明显凹陷和侵蚀沟，有按设计布设的生态防护工程。

（4）底宽度、深度允许偏差±5%；土沟渠边坡系数允许偏差±5%。

（5）沟渠填方段渠身土壤密实度不小于设计参数，断面尺寸不小于设计参数的±5%。

（6）沟渠表面平整度不大于 100mm。

施工要点：

（1）水沟底部防渗：用混凝土、砂浆、碎石等材料对水沟底部进行防水加固，厚度 20～50mm，碎石可铺在三维网之上。是否需要加固水沟底部，视工程实际情况（地质、土壤、纵坡等）而定。

（2）铺装三维网：沿水流方向向下平贴铺装，不得有皱纹和波纹，水沟顶端预留 200mm 用于三维网的固定，三维网底部也需固定。

（3）植生袋的铺装：按照设计尺寸分层码放植生袋，植生袋与坡面及植生袋层与层之间用锚杆固定。

（4）生态砖的铺装：码放时植草的一端向外，层与层之间用水泥砂浆黏结。在平地培育植物，待植物长到一定高度后码放生态砖效果更佳。

图 D.45 生态截排水沟

生态截排水沟如图 D.45 所示。

2.5 土地整治措施

目的：对因工程开挖、填筑、取料、弃渣、施工等活动破坏的土地，以及工程永久征地内的裸露土地，在植被建设、复耕之前应进行平整、改造和修复，使之达到可利用状态。

主要措施包括全面整地。

2.5.1 全面整地

适用阶段：施工全过程。

适用范围：变电（换流）站围墙外扰动区等平地的耕地复耕，林草地复垦等。

工艺标准：

（1）满足《生产建设项目水土保持技术标准》（GB 50433—2018）和《土地利用现状分类》（GB/T 21010—2017）的要求。

（2）全面整地一般采用机械整地，可视整地面积、进场道路情况采用大型旋耕机和小型旋耕机。

（3）整地前应将混凝土渣、碎石等障碍物清除。

（4）整地后的地形应与耕地、水田、梯田、林草地等原地类一致。

施工要点：

（1）变电站外扰动区、施工道路等原地类为耕地时，可采用旋耕机将板结的原状土翻松，来回翻松不少于 2 次，按农作物种类选取合适翻耕深度，一般为 500mm 左右。翻松结束，使用平地机整平。自然晾晒结块的土壤松散后按照旱地、水田等不同需求起垄或造畦。

（2）采用全面整地的变电站草坪种植区、施工临时道路区，可采用旋耕机方式将表层土壤翻松，翻耕深度一般为 300mm 左右。翻耕后自然晾晒，按照草坪、草地、林地等不同需求进行造林（种草）整地。

（3）表层种植土被剥离的区域，应先将种植土摊铺，摊铺厚度应与剥离厚度相等，一般为 300～600mm。摊铺厚度超过 300mm 时，可分两层摊铺。摊铺后用旋耕机将种植土翻耕拌和。然后用平地机整平，整平后的地面应高于原始地面 100mm 左右。

图 D.46　全面整地（机械平整）

全面整地如图 D.46 所示。

2.6　防风固沙措施

目的：对容易引起土地沙化、荒漠化的扰动区域进行防风固沙、涵养水分。

主要措施包括工程固沙和植物固沙。

2.6.1　工程固沙

适用阶段：施工全过程。

适用范围：变电（换流）站施工期后扰动地表沙地治理。

工艺标准：

（1）满足《水土保持工程设计规范》（GB 51018—2014）的要求。

（2）应该形成 1.0m×1.0m 的网格。

（3）整体效果应该达到设计要求。

施工要点：

（1）草方格沙障。

1）放线开槽。依据设计规格进行放线。采用人工或机械方式开槽，槽深 100mm 左右。开槽时，沿沙丘等高线放线设置纬线，沿垂直等高线方向设置经线。施工时，先对经线进行施工，再对纬线进行施工。

2）材料铺放：将稻草或麦秸秆垂直平铺在样线上，组成完整闭合的方格，铺设麦草厚度为 20～30mm。

3）草方格布设：按照要求铺设好稻草（麦草）后，用方形扁铲放在稻草（麦草）中央并用力下压，使稻草（麦草）两端翘起，中间部位压入沟槽中。稻草（麦草）中间部位入沙深度约 100mm，同时稻草（麦草）两端翘起部分高出地面约 500mm。用沟槽两边的沙土稻草（麦草）埋住、踩实。由此完成局部草方格沙障铺设任务，依次类推，完成整个沙障施工铺设任务。

4）围栏防护。草方格沙障施工完毕，应用铁丝网围栏防护，防止稻草（麦草）被牛羊啃食破坏。

5）草方格沙障多在草、沙结合点积累土壤，风吹草籽可成活自然恢复植被，一般不需人工种植草籽。

（2）柴草（柳条）沙障。

1）平铺式柴草（柳条）沙障施工。

依据设计规格进行放线。带状平铺式沙障的走向垂直于主风带宽 0.6～1.0m，带间距 4～5m。将覆盖材料铺在沙丘上，厚 30～50mm。上面需用枝条横压，用小木桩固定，或在铺设材料中线上铺压湿沙，铺设材料的梢端要迎风向布置。

2）直立式柴草（柳条）沙障施工。

a．高立式：在设计好的沙障条带位上，人工挖沟深 200～300mm，将柳条（杨条）切割每根 700mm 左右长，按放线位置插入沙中，插入深度约 200mm，扶正踩实，填沙 200mm，沙障材料露出地面 0.5～1.0m。

b．低立式：将低立式沙障材料按设计长度顺设计沙障条带线均匀放置线上，埋设材料的方向与带线正交，将柳条（杨条）切割每根 400mm 左右长，按放线位置插入沙中，插入深度约 200mm，露出地面约 200mm，基部培沙压实。

沙障建成后，要加强巡护，防止人畜破坏。机械沙障损坏时，应及时修复；当破损面积比例达到 60%时，需重新设置沙障。重设时应充分利用原有沙障的残留效应，沙障规格可适当加大。柴草沙障应注意防火，柳条沙障应注意适时浇水。

沙障如图 D.47 所示。

（3）石方格沙障。

1）放线。依据设计规格进行放线。

2）带状方格平铺式沙障施工。带的走向垂直于主风带宽 0.6～1.0m，带间距 4～5m。将碎石铺在沙丘上，厚 30～50mm。覆盖材料主要为碎石、卵石等。

3）全面平铺式沙障施工。适用于小而孤立的沙丘和受流沙埋压或威胁的变电站和塔基四周。将碎石在沙丘上紧密平铺，其余要求与带状平铺式相同。

图 D.47　柳条沙障

4）采用石方格沙障时，周边多为无植被地带，一般不采用植物固沙。

石方格沙障如图 D.48 所示。

2.6.2　植物固沙

适用阶段：施工全过程。

适用范围：变电（换流）站施工期后扰动地表沙地治理。

图 D.48　石方格沙障

工艺标准：

（1）植物固沙一般结合工程固沙措施，利用植物根系固定地面砂砾，利用植物枝干阻挡风蚀，减缓和制止沙丘流动。主要采用种草固沙和植树固沙。

（2）需采用植物长期固沙措施时，一般选用本地耐旱草种、树种，在草方格、柴方格沙障配合下种植。

（3）应选在雨季或雨季前进行种植，适当采取换土、浇水抚育措施。

施工要点：

（1）种草固沙施工工艺应符合下列规定：

1）草方格施工时，在纬线背风面草和槽留出间隙，将剥离或外运腐殖土、外运腐殖土填入槽内，作为种草植生基质。

2）选用芨芨草、沙打旺、草木樨等耐旱草籽形成混播配方，采取条播方式播种，覆盖腐殖土后再覆盖沙土。

3）利用自然降水抚育或浇水抚育。

（2）种树固沙施工工艺应符合下列规定：

1）低洼地带或地下水较丰富的沙地，选用耐寒、易活的红柳制作柴方格沙障。

2）将红柳根部插入沙地，适当抚育保证成活率。

3）其他不能成活的柴方格内，可挖穴换腐殖土，采取穴播方式种植樟子松、沙棘等耐旱树种。

种草固沙如图 D.49 所示。

图 D.49　种草固沙

2.7　降水蓄渗

目的：对工程建设区域内原有良好天然集流面、增加的硬化面（坡面、地面、路面）形成的雨水径流进行收集，并用以蓄存利用或入渗调节而采取的工程措施。

主要措施（设施）包括雨水蓄水池、生态砖、透水砖、碎石压盖。

2.7.1　雨水蓄水池

适用阶段：施工全过程。

适用范围：变电（换流）站站区排水和蓄水。

工艺标准：

（1）满足《水土保持工程设计规范》（GB 51018—2014）和《防洪标准》（GB 50201—2014）的要求。

（2）池体结构及材料。蓄水池池体结构形式多为矩形或网形，池底及边墙可采用浆砌石、素混凝土或钢筋混凝土结构。浆砌石或砌砖结构的表面宜采用水泥砂浆抹面。修建在寒冷地区的蓄水池，地面以上应覆土或采取其他防冻措施。

（3）地基基础。蓄水池底板的基础不允许坐落在半岩基半软基或直接置于高差较大或破碎的岩基上，要求有足够的承载力，平整密实，否则须采用碎石（或粗砂）铺平并夯实。土基应进行翻夯处理，深度不小于400mm。

（4）蓄水池构造。池体包括池底和池墙两部分。池底多为混凝土浇筑，混凝土标号不低于C15，容积小于100m^{3}时，护底厚度宜为100～200mm；容积不小于100m^{3}时，护底厚度宜为200～300mm。池墙通常采用砖、条石、混凝土预制块浆砌，水泥砂浆抹面并进行防渗处理，池墙厚度通过结构计算确定，一般为200～500mm。当蓄水池为高位蓄水池时，出水管应高于池底300mm，以利水体自流使用，同时在池壁正常蓄水位处设溢流管。

施工要点：

（1）基础处理。施工前应首先了解地质资料和土壤的承载力，并在现场进行坑探、试验。如土基承载力不够时，应根据设计提出对地基的要求，采取加固措施，如扩大基础，换基夯实等措施。

（2）池墙砌筑。池墙采用的各种材料质量应满足有关规范要求。浆砌石应采用坐浆砌筑，不得先干砌再灌缝。池墙砌筑时要沿周边分层整体砌石，不可分段分块单独施工，以保证池墙的整体性。池墙砌筑时，要预埋（预留）进、出水管（孔），在出水管处要做好防渗处理。防渗止水环要根据出水管材料或设计要求选用和施工。

（3）池墙、池底防渗。池底混凝土浇筑好后，要用清水洗净清除尘土后即可进行防渗处理，防渗措施多种多样。可采用水泥加防渗剂作为池墙和池底防渗材料，也可喷射防渗乳胶。

（4）附属设施安全施工。蓄水池的附属设施包括沉沙池、进水管、溢水管、出水管等。

雨水蓄水池如图D.50所示。

图D.50　雨水蓄水池

2.7.2　生态砖、透水砖

适用阶段：施工全过程。

适用范围：变电（换流）站站区排水蓄水。

工艺标准：

（1）设计标准。透水铺装地面最低设计标准为2年一遇60min暴雨不产生径流。

（2）透水铺装地面结构设计。

1）路面结构。透水人行道路面结构总厚度应满足透水、储水功能的要求。厚度计算应根据该地区的降雨强度、降雨持续时间、工程所在地的土基平均渗透系数、透水铺装地面结构层平均有效孔隙率进行计算。透水砖铺装地面结构一般由面层、找平层、基层、垫层等部分组成。

2）路面结构层材料。面层材料可选用透水砖、多孔沥青、透水水泥混凝土等透水性材料，透水铺装厚度计算应根据该地区的降雨强度、降雨持续时间、工程所在地的土基平均渗透系数、透水铺装地面结构层平均有效孔隙率进行计算，应同时满足相应的承载力、抗冻胀等。

找平层可以采用干砂或透水干硬性水泥中砂、粗砂等，其渗透系数应大于面层渗透系数，厚度宜为 20～50mm。

基层应选用具有足够强度、透水性能良好、水稳定性好的材料，推荐采用级配碎石、透水水泥混凝土、透水水泥稳定碎石基层，其中级配碎石基层适用于土质均匀、承载能力较好的土基，透水水泥混凝土、透水水泥稳定碎石基层适用于一般土基。设计时基层厚度不宜小于 150mm。

垫层材料宜采用透水性能较好的中砂或粗砂，其渗透系数应大于面层渗透系数，厚度宜为 40～50mm。

施工要点：

（1）面层开挖施工要点。

1）透水性地面铺设的施工工序为：面层开挖、基层铺设、透水垫层施工、找平层铺设、透水面层施工、清扫整理、渗透能力确认。

2）基础开挖应达到设计深度，并将原土层夯实，基层纵坡、横坡和边线应符合设计要求。

3）透水垫层采用连续级配砂砾料垫层、单级配砾石垫层等透水性材料。连续级配砂砾料垫层粒径 5～40mm，无粗细颗粒分离现象，碾压压实，压实系数应大于 65%；单级配砾石垫层粒径 5～10mm，含泥量不应大于 2%，泥块不大于 0.7%，针片状颗粒含量不大于 2%，夯实后现场干密度应大于最大干密度的 90%。

4）找平层宜采用粗砂、细石、细石透水混凝土等材料。粗砂细度模数宜大于 2.6，细石粒径为 3～5mm；单级配时粒径 1mm 以下颗粒体积比含量不大于 35%；细石透水混凝土宜采用粒径为 3～5mm 的石子或粗砂，其中含泥量不大于 1%，泥块不大于 0.5%，针片状颗粒含量不大于 10%。

（2）铺装施工工艺。

1）透水面砖抗压强度应大于 35MPa，抗折强度应大于 3.2MPa，渗透系数应大于 0.1mm/s，磨坑长度不应大于 35mm。在北方有冰冻地区，冻融循环试验应符合相关标准的规定；铺砖时应用橡胶锤敲打稳定，但不得损伤砖边角，铺砖平整度允许偏差不大于 5mm，铺砖后养护期不得少于 3d。

2）透水碎石压盖。使用直径 30～50mm 的碎石在裸露地表进行覆盖，防止风吹落地的林草种子落地生长；再铺设 80～100mm 厚的碎石进行压盖。

3）透水混凝土应有较强的透水性，孔隙率不应小于 20%；每隔 30～40m² 设一接缝，养护后灌注接缝材料。

生态砖、透水砖如图 D.51 所示。

图 D.51　生态砖、透水砖

2.7.3　*碎石覆盖*

适用阶段：施工全过程。

适用范围：变电站（换流站）站区排水蓄水。

工艺标准：

（1）满足《水土保持工程设计规范》（GB 51018—2014）的要求。

（2）碎石覆盖地基稳定且已夯实、平整。

（3）碎石表层应密实、上表面应平整。

施工要点：

碎石压盖是用直径 30～50mm 的碎石在裸露地表进行覆盖。覆盖前，先对地表进行平整、压实，平整地面坡度小于 1°～2°。再铺设 10～20mm 的石灰粉（适用于变电站），防止风吹落地的林草种子落地生长；再铺设 80～100mm 厚的碎石进行压盖。

碎石覆盖如图 D.52 所示。

图 D.52　碎石覆盖

2.8　植被恢复措施

目的：通过林草植被对地面的覆盖保护作用、对降雨的再分配作用、对土壤的改良作用以及植被根系对土壤的强大固结作用来防治水土流失。

主要措施包括造林（种草）整地、造林、种草。

2.8.1　造林（种草）整地

适用阶段：施工全过程。

适用范围：变电（换流）站施工期后扰动地表植被恢复前的整地。

工艺标准：

（1）造林（种草）整地的方式应结合地貌、地形确定，应做到保墒、减小雨水冲刷和土壤流失、利于植被成活。

（2）造林（种草）的整地方式包括全面整地和局部整地等方式。

局部整地包括阶梯式整地、条状整地、穴状整地、鱼鳞坑整地等。条状整地、穴状整地可用于条播、穴播种草，开槽、挖穴后填入表土，播撒草籽后覆盖表土压实。穴状整地、鱼鳞坑整地可用于造林，挖穴后填入表土，植入树木、灌木。阶梯式整地，一般用于撒播种草，翻松、耙平表土后撒播草籽，再覆盖表土后略微压实，也可在整地基础上，挖穴进行造林。

（3）原地类为耕地的，整地方式一般为全面整地，对表层土壤采取翻耕达到农作物生长条件；原地类为草地的，整地方式一般为全面整地或局部整地，坡地的局部整地可条状整地和穴状整地；原地类为林地的，整地方式一般为局部整体，可采取穴状整地。

施工要点：

（1）全面整地施工工艺应符合下列规定：

1）扰动区等处于耕地时，可采用机械翻耕全面整地。翻耕深度一般为 200～250mm，按农作物种类选取合适深度。

2）采用全面整地的变电站草坪种植区、施工临时道路区，可采用机械方式将表层土壤翻松，翻耕深度 100～200mm。

3）采用带状整地的区域，可采用人工方式整地，用钉耙将表层土壤翻松，翻耕深度可 50～100mm。翻松及耙平表土后撒播草籽，再覆盖表土后略微压实。

（2）局部整地施工工艺应符合下列规定：

1）穴状整地。适用于低山丘陵区、丘陵浅山区。根据乔木、灌木等树种不同挖穴深度300～500mm，直径0.5～1m，乔木株距2～4m，灌木株距0.5～1m，沿等高线，上下坑穴呈品字形排列。挖树坑四周要垂直向下，直到预定深度，不要挖成上面大、下面小的锅底形。表层腐殖土收集装袋或铺垫堆存于上坡位，生土置于下坡边沿，拍实形成圆形土埂；表土回填于槽内作为植物生长基质，回填土低于天然地面。

2）鱼鳞坑整地。15°～45°的坡地可采取鱼鳞坑整地，适用于石质山地、黄土丘陵沟壑区坡面。沿坡地等高线定点挖穴，穴间距2～4m，穴长径0.8～1.2m，短径0.5～1m，深度300～500mm。鱼鳞坑土埂高150～200mm，表层腐殖土收集装袋或铺垫堆存于上坡位，生土置于穴下坡边沿，拍实形成半月形土埂；表土回填于槽内作为植物生长基质，回填土的上坡坑内留出蓄水沟。

3）水平沟整地。沿等高线带状挖掘灌木种植沟。适用于土石山区、黄土丘陵沟壑区坡度小于30°边坡坡面。沟呈连续短带状（沟间每隔一定距离筑有横埂），或间隔带状。断面一般呈梯形，上口宽0.5～1m，沟底宽约0.3m，沟深0.3～0.5m，沟长2～6m，两沟距2～2.5m，沟外侧用心土筑埂，表土回填于槽内作为植物生长基质。

4）阶梯式整地。通常结合山丘区的高低腿高差进行整地，沿等高线里切外垫，做成阶面水平或稍向内倾斜的反坡，阶宽通常为1.0～1.5m，阶长视地形而定，阶外缘培修20cm高的土埂，上下阶面高差1～2m，坡度小于35°。

5）条状整地。5°～15°的坡地可采取条状整地，沿坡地等高线画线开槽，开槽宽度80～120mm、深度60～120mm、行距200～400mm。表层腐殖土收集装袋或铺垫堆存，生土置于沟槽下坡边沿，拍实形成土埂；表土回填于槽内作为植物生长基质。

鱼鳞坑造林（种草）整地如图D.53所示。

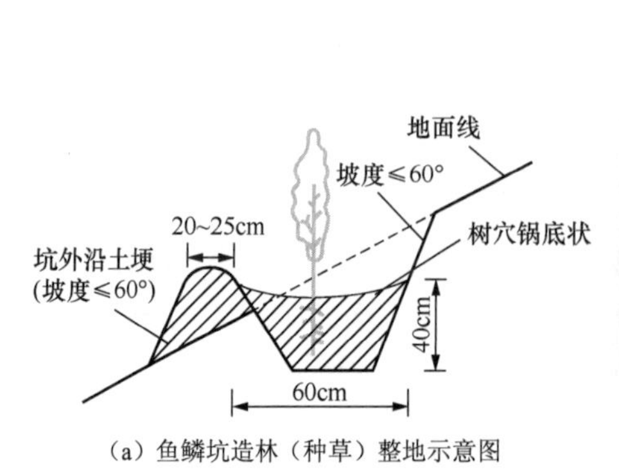

（a）鱼鳞坑造林（种草）整地示意图

（b）鱼鳞坑整地实物图

图D.53　鱼鳞坑造林（种草）整地

2.8.2　造林

适用阶段：施工全过程。

适用范围：变电（换流）站施工期后扰动地表植被恢复。

工艺标准：

（1）满足《造林技术规程》（GB/T 15776—2023）的要求。

（2）树种应选择当地耐旱、易成活树种，苗木规格可选用幼苗，质量等级二级以上（苗木等级划分中根据苗木地径和苗高等几个质量标准将苗木分为三级，一、二级苗为合格苗，可出圃造林），宜在当地苗圃购买，并要有“一签、三证”，并根系完好，树种及密度符合设计要求，苗木应栽正踩实。

（3）苗木采购、运输、栽植中要做到起苗不伤根、运苗不漏根（防止风吹日晒）、清水催根（栽前放在清水中浸泡 2～3d）、栽苗不窝根，分层填土踩实，要求幼苗成活率达到 85% 以上。

（4）年均降水量大于 400mm 地区或灌溉造林，造林成活率不应小于 85%；年均降水量小于 400mm 地区，造林成活率不应小于 70%。

（5）郁闭度要达到设计要求。

施工要点：

（1）变电站绿化区、施工临时道路可种植乔木造林；原地貌为林地的宜种植灌木造林。降水量大于 400mm 的区域，可种植乔木；降水量为 250～400mm 的区域，应以灌木为主；降水量在 250mm 以下的区域，应以封禁为主并辅以人工抚育。

（2）树种应选择当地耐旱、易成活树种，郁闭度要达到设计要求。苗木规格可选用幼苗，质量等级二级以上（苗木等级划分中根据苗木地径和苗高等几个质量标准将苗木分为三级，一、二级苗为合格苗，可出圃造林），宜在当地苗圃购买，并要有“一签、三证”并根系完好，树种及密度符合设计要求，苗木应栽正踩实。

（3）苗木采购、运输、栽植中要做到起苗不伤根、运苗不漏根（防止风吹日晒）、清水催根（栽前放在清水中浸泡 2～3d）、栽苗不窝根。分层填土踩实，要求幼苗成活率达到 85% 以上。

（4）通常选择春季造林，适宜我国大部分地区。春季造林应根据树种的物候期和土壤解冻情况适时安排造林，一般在树木发芽前 7～10d 完成。南方造林，土壤墒情好时应尽早进行；北方造林，土壤解冻到栽植深度时抓紧造林。

（5）种植乔木、灌木施工工艺应符合下列规定：

1）无土球树木种植。可采用“三埋两踩一提苗”种植方法：先往树坑里埋添一些细碎壤土（一埋），放入树苗，再埋添一些土壤（二埋），土量要没过树根，然后上提一下苗木（一提苗），使树根舒展开来，保持树的原深度线和地面相平，踩实土壤（一踩），再埋入土壤至和地面相平（三埋），踩实（二踩）。

2）带土球树木种植。先埋添少量细碎壤土，放入土球，土球上部略低于地面即可，然后埋土，边埋边捣实土球四周缝隙，注意不要弄碎土球。

3）制作围堰。树栽好以后，在贴近树坑四周修一条高 200～400mm 的围堰，边培土边拍实。

4）立支架。变电站种植大树或常绿树，要设立支架，防止新栽树倒伏。较小的树一根木棍即可，大树要三根木棍 120° 角支撑。木棍下方要埋入土中固定。

5）浇水。围堰修好后即可浇水，往围堰中先加入水，待水渗下后，对歪斜树扶正填实，二次把水加满围堰即可。降水量在 250mm 以下区域，应在围堰范围采取覆盖塑料薄膜减少蒸发、定期浇水等人工抚育措施。

图 D.54　种植乔木、灌木

种植乔木、灌木如图 D.54 所示。

2.8.3　种草

适用阶段：施工全阶段。

适用范围：变电（换流）站施工期后扰动地表植被恢复。

工艺标准：

（1）草籽宜选用当地草种，应采取 2～3 种多年生草种混播。小于 250mm 降水量区域，应采取多种草籽的混播配方保证群落配置和覆盖度。

（2）草籽质量等级标准应为一级，播种密度应符合设计要求。

（3）平地可采取撒播种草，坡地可采取条播种草和穴播种草。播种深度和覆土厚度应适宜，播后需镇压。

（4）高原草甸可将剥离的草皮回铺，变电站也可采用草皮回铺恢复植被。

（5）覆盖度要达到设计要求。

施工要点：

（1）适用于平地或坡度小于 15° 的缓坡。

（2）对施工场地翻耕松土、进行平整和坡面整修。

（3）人工种子提前浸泡 8h 以上，播撒草种，覆盖熟土、耙平后适当拍压。

（4）铺设无纺布保持水分（雨季无需覆盖）。

（5）采用人工浇水，开展苗期养护。

（6）旱季节播种时，土面需要提前浇水再撒播，采用喷灌抚育或滴灌抚育方式。

（7）播种草籽施工工艺应符合下列规定：

1）撒播种草。将混播草种拌和均匀，大范围手工或机械施撒草种于耙松的腐殖土内，施撒量要满足设计要求；耙平土壤保证草种覆土约 10mm，用竹笤帚适当拍压。

2）条播种草。将混播草种拌和均匀，手工施撒草种于沟槽内耙松的腐殖土（或植生基质）内，施撒量要满足设计要求；覆盖土壤保证草种覆土约 10mm，适当踩压。

3）穴播种草。将混播草种拌和均匀，手工施撒草种于穴内耙松的腐殖土（或植生基质）内，施撒量要满足设计要求；覆盖土壤保证草种覆土约 10mm，适当镇压。

4）保墒措施。蒸发量较大区域，可铺设无纺布、椰丝毯或生态毯对播种区覆盖，紧贴坡面及种植沟形成集水凹区，用石块压实保墒。

5）浇水抚育。播种后浇水抚育一次，之后可利用自然降水抚育。未到降水期时，可灌溉 2～3 次，以满足草籽初期生长需要，灌溉时间不宜超过 5d。干旱季节播种时，土面需要提前浇水，再撒播，可采用喷灌方式。

6）如果成活率较低要及时补植。

种草如图 D.55 所示。

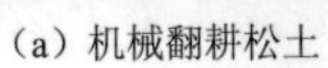
（a）机械翻耕松土

（b）人工播撒草籽

（c）混播草种恢复效果

图 D.55　种草